U0262761

观赏植物百科 6

主　编　赖尔聪 / 西南林业大学
副主编　孙卫邦 / 中国科学院昆明植物研究所昆明植物园
石卓功 / 西南林业大学林学院

中国建筑工业出版社

图书在版编目（CIP）数据

观赏植物百科6／赖尔聪主编. —北京：中国建筑工业出版社，2013.10

ISBN 978-7-112-15809-6

Ⅰ. ①观… Ⅱ. ①赖… Ⅲ. ①观赏植物—普及读物 Ⅳ. ①S68-49

中国版本图书馆CIP数据核字（2013）第209596号

多彩的观赏植物构成了人类多彩的生存环境。本丛书涵盖了3237种观赏植物（包括品种341个），按“世界著名的观赏植物”、“中国著名的观赏植物”、“常见观赏植物”、“具有特殊功能的观赏植物”和“奇异观赏植物”等5大类43亚类146个项目进行系统整理与编辑成册。全书具有信息量大、突出景观应用效果、注重形态识别特征、编排有新意、实用优先等特点，并集知识性、趣味性、观赏性、科学性及实用性于一体，图文并茂，可读性强。本书是《观赏植物百科》的第6册，主要介绍具有特殊功能与奇异的观赏植物。

本书可供广大风景园林工作者、观赏植物爱好者、高等院校园林园艺专业师生学习参考。

责任编辑：吴宇江
书籍设计：北京美光设计制版有限公司
责任校对：肖　剑　刘　钰

观赏植物百科6

主　编　赖尔聪／西南林业大学
副主编　孙卫邦／中国科学院昆明植物研究所昆明植物园
　　　　石卓功／西南林业大学林学院

*
中国建筑工业出版社出版、发行（北京西郊百万庄）
各地新华书店、建筑书店经销
北京美光设计制版有限公司制版
北京方嘉彩色印刷有限责任公司印刷
*
开本：787×1092毫米　1/16　印张：18½　字数：360千字
2016年1月第一版　2016年1月第一次印刷
定价：120.00元
ISBN 978－7－112－15809－6
(24555)

《观赏植物百科》编委会

序

国人先辈对有观赏价值植物的认识早有记载，"桃之夭夭，灼灼其华"（《诗经•周南•桃夭》），描述桃花华丽妖艳，淋漓尽致。历代文人，咏花叙梅的名句不胜枚举。近现代，观赏植物成为重要的文化元素，是城乡建设美化环境的主要依托。

众所周知，城市景观、河坝堤岸、街道建设、人居环境等均需要园林绿化，自然离不开各种各样的观赏植物。大到生态环境、小到居家布景，观赏植物融入生产、生活的方方面面。已有一些图著记述观赏植物，大多是区域性或专类性的，而涵盖全球、涉及古今的观赏植物专著却不多见。

《观赏植物百科》的作者，在长期的教学和科研中，以亲身实践为基础，广集全球，遍及中国古今，勤于收集，精心遴选3237种（包括品种341个），按"世界著名的观赏植物"、"中国著名的观赏植物"、"常见观赏植物"、"具有特殊功能的观赏植物"和"奇异观赏植物"5大类43亚类146个项目进行系统整理并编辑成册。具有信息量大，突出景观应用效果，注重形态识别特征，编排有新意，实用优先等特点，集知识性、趣味性、观赏性、科学性及实用性于一体，号称"百科"，不为过分。

《观赏植物百科》图文相兼，可读易懂，能广为民众喜爱。

中国科学院院士 吴征镒

2012年10月19日于昆明

前言

展现在人们眼前的各种景色叫景观，景观是自然及人类在土地上的烙印，是人与自然、人与人的关系以及人类理想与追求在大地上的投影。就其形成而言，有自然演变形成的，有人工建造的，更多的景观则是天人合一而成的。就其规模而言，有宏大的，亦有微小的。就其场地而言，有室外的，亦有室内的。就其时间而言，有漫长的演变而至，亦有瞬间造就而成，但无论是哪一类景观，其组成都离不开植物。

植物是构成各类景观的重要元素之一，它始终发挥着巨大的生态和美化装饰作用，它赋景观以生命，这些植物统称观赏植物。

观赏植物种类繁多，姿态万千，有木本的，有草本的；有高大的，有矮小的；有常绿的，有落叶的；有直立的，有匍匐的；有一年生的，有多年生的；有陆生的，有水生的；有"自力更生"的，亦有寄生、附生的；还有许多千奇百怪、情趣无穷的。确实丰富多彩，令人眼花缭乱。

多彩的观赏植物构成了人类多彩的生存环境。随着社会物质文化生活水平的提高，人们对自身生存环境质量的要求也不断提高，植物的应用范围、应用种类亦不断扩大。特别是随着世界信息、物流速度的加快，无数植物的"新面孔"不断地涌入我们的眼帘，进入我们的生活。这是什么植物？有什么作用？一个又一个问题困惑着人们，常规的教材已跟不上飞快发展的现实，知识需要不断地补充和更新。

为实现恩师郭荫卿教授"要努力帮助更多的人提高植物识别、应用和鉴赏能力"的遗愿，我坚持了近10年时间，不仅走遍了中国各省区的名山大川，包括香港、台湾，还到过东南亚、韩国、日本及欧洲13个国家。将自己有幸见过并认识了的3000多种植物整理成册，献给钟爱植物的朋友，并与大家一同分享识别植物的乐趣。

3000多种虽只是多彩植物长河中的点点浪花，但我相信会让朋友们眼界开阔，知识添新，希望你们能喜欢。

为使读者快捷地各取所需，本书以观赏植物的主要功能为脉络，用人为分类的方法将3237种（含341个品种）植物分为5大类、43亚类、146项目编排，在同一小类及项目中，原则上按植物拉丁名的字母顺序排列。拉丁学名的异名中，属名或种加词有重复使用时，一律用缩写字表示。

本书附有7个附录资料、3种索引，供不同要求的读者查寻。

编写的过程亦是学习的过程，错误和不妥在所难免，愿同行不吝赐教。

赖尔聪

2012年5月1日

目录

序

前言

具有特殊功能的观赏植物

30. 特殊用途植物……2～111

特殊蔬菜及新资源食品……2～26

饮料及果酱原料……27～28

制糖及甜味剂原料……29～31

蜜源植物……31～34

维生素类……34～35

干果及淀粉类……35～40

色素及染料类……41～43

油料类……44～54

芳香油原料……55～79

嗜好植物……80

资源昆虫寄主……80～84

纤维植物……85～90

绿色能源植物……91

植物胶及鞣料植物……92～95

食用果胶植物……96

皂素植物……96

绿肥及饲料植物……97～100

诱蝶植物……101～103

诱鸟植物……103～106

珍贵用材……107～110

优良薪材……111

31. 观赏药用植物……112～204

药源类……112～196

农药类……197～199

具毒类……200～203

致哑类……203～204

32. 环境保护植物……204～224

水土保持……204～210

改良土壤……211～212

防风固沙……212～216

防火耐烧……217～218

抗污染……219

护堤护坡……220

耐盐碱及荒漠……221～223

恶性杂草……224

奇异观赏植物

33. 食虫植物……226～231

34. 石头开花……231

35. 开花有时……232 ~ 234
36. 怕羞植物……234 ~ 235
37. 自然干花……235 ~ 238
38. 情趣植物……238 ~ 239
39. 饰品植物……239 ~ 240
40. 奇花、奇果……241 ~ 242
41. 气生、附生、寄生……242 ~ 246
42. 病态美……246 ~ 249
43. 奇观……250 ~ 256

附录一 植物世界之最……257 ~ 260
附录二 世界部分国家国树一览表……261
附录三 世界部分国家国花一览表……262 ~ 264
附录四 中国部分省（市）树一览表……265
附录五 中国部分城市市花一览表……266 ~ 267
附录六 国家Ⅰ级重点保护野生植物（50种）……268
附录七 中国极小种群野生植物名录（120种）……269 ~ 270

拉丁名索引……271 ~ 276
中文名索引……277 ~ 282
科属索引……283 ~ 287
后记……288

4

具有特殊功能的观赏植物

这里收录了21类经济用途植物，4类药用植物，8类环境保护植物，共440种特殊功能的观赏植物。

2734 红秋葵（红蜀葵）

Abelmoschus coccineus (*Hibiscus c.*)

锦葵科 秋葵属 多年生草本

原产印度，嫩果可作蔬菜，植株供观赏

喜光；喜温暖至高温；生育适温25～35℃

2735 黄秋葵（咖啡黄葵、秋葵、黄蜀葵）

Abelmoschus esculentus (*Hibiscus e.*)

锦葵科 秋葵属 多年生草本

原产印度，嫩果可作蔬菜，植株供观赏

喜光；喜温暖至高温，生育适温25～35℃

2736

宽叶韭（根韭）

Allium hookeri

石蒜科　葱属

多年生草本

产斯里兰卡、不丹、印度，食用兼观赏

喜光；喜温暖，耐寒；耐干旱瘠薄

2737

观赏蒜

Allium sativum cv.

石蒜科　葱属

一年生草本

原种产亚洲，食用兼观赏

喜光；喜温暖，耐寒；耐干旱瘠薄

2738

魔芋（花魔芋、蒟蒻）

Amorphophallus rivieri (*A. konjac*)

天南星科 | 魔芋属 | 大型球根植物

原产中国，块茎制食品，植株供观赏

喜半阴亦耐阴；喜温暖湿润；忌积水

2739

芹菜（旱芹、药芹、蒲芹）

Apium graveolens (*A. g. var. dulce*)

伞形科 | 芹属 | 一年生草本

产中国，食用兼观赏

喜光；喜温暖，特别喜湿亦耐旱

2740

茄花紫金牛（酸苔菜）

Ardisia solanacea

紫金牛科 紫金牛属

常绿灌木

产我国云南南部、广西等，嫩茎、叶为云南傣族常用野菜之一，植株供观赏
喜光；喜温暖至高温；耐旱

2741

石刁柏（芦笋、龙须菜）

Asparagus officinalis 'Altilis'

假叶树科 天门冬属

多年生草本

原产地中海沿岸，嫩茎称芦笋或露芊为珍贵蔬菜，植株供观赏
喜光，亦耐阴；喜温暖湿润，耐寒

2742	**落葵**（豆腐菜、胭脂菜、胭脂豆）	落葵科	落葵属
	Basella alba（*B. rubra*）	一年生肉质缠绕草本	

原产东南亚，嫩叶可作蔬菜兼观赏

喜光；喜温暖湿润；耐干旱瘠薄；喜微酸性土

2743	**京水菜**（水晶菜、白茎千筋水菜）	十字花科	芸苔属
	Brassica campestris cv.	一年生草本	

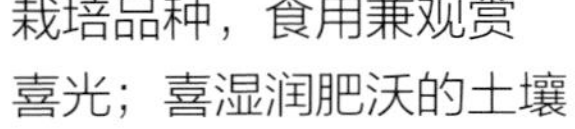

栽培品种，食用兼观赏

喜光；喜湿润肥沃的土壤

2744

刀豆（巴西豆、刀板藤）

Canavalia aladiata

蝶形花科　刀豆属

缠绕状草质藤本

热带地区广泛栽培，荚果食用，植株供观赏
喜光；喜暖热湿润

2745

灯笼椒（甜椒）

Capsicum annuum 'Grossum'（*C. a.* var. *g.*, *C. frutescens* var. *g.*）

茄科　辣椒属

一年生草本

原种产美洲热带，果实食用，植株供观赏
喜光；喜温暖至高温，生育适温10～35℃

2746 **菊花菜**（菊花脑） 菊科 茼蒿属

Chrysanthemum nankingense 宿根花卉

产中国，嫩枝、叶可食用，植株供观赏
喜光；喜温暖湿润；喜肥

2747 **芋**（芋头、芋艿） 天南星科 芋属

Colocasia esculenta 球根植物

产我国江南各省，块茎食用，植株供观赏
喜光，耐半阴；喜温暖湿润，忌积水和干旱瘠薄

2748 **南瓜** 葫芦科 南瓜属

Cucurbita moschata 一年生大藤本

原产南美，果食用，植株供观赏

喜光；喜温暖湿润

2749 **小雀瓜**（辣椒瓜） 葫芦科 小雀瓜属

Cyclanthera pedata var. *edulis* 一年生蔓性草本

原产南美，果食用，植株供观赏

喜光；喜温暖湿润；喜中性或微酸性土壤

2750

大叶菜蓟（刺菜蓟）

Cynara cardunculus

菊科　菜蓟属

多年生草本

产欧洲、地中海沿岸，总苞花托及叶、叶柄为上好蔬菜，植株供观赏

喜光；喜温暖湿润，需肥沃土壤

2751

洋蓟（朝鲜蓟、法国百合、荷花百合）

Cynara scolymus（*C. cardunculus*）

菊科　菜蓟属

多年生草本

原产欧洲、地中海沿岸，总苞花托及叶、叶柄为上好蔬菜，植株供观赏

喜光；喜温暖湿润；需肥沃土壤

2752 树番茄（木本番茄、缅茄）

Cyphomandra betacea

茄科 树番茄属

落叶小乔木

原产南美洲（秘鲁），果实食用，傣族多作为蔬菜，植株供观赏

喜光；喜暖热；耐旱

2753 可食埃塔棕（纤可棕）

Euterpe edulis

棕榈科 埃塔棕属

常绿大乔木状

原产巴西、委内瑞拉、圭亚那，棕心可食，植株供观赏

喜光；喜高温高湿

2754	**扁豆**（白花豆、藊豆、鹊豆、蛾眉豆）	蝶形花科	扁豆属
	Dolichos lablab	一年生草质藤本	

栽培种，荚果作蔬菜，植株供观赏
喜光；喜温暖湿润

2755 滇紫背天葵

Gynura pseudochina (*G. bicolor*)

菊科 三七草属

一年生草本

栽培种，嫩茎、叶可作蔬菜，兼观赏
喜光，亦耐阴；喜温暖湿润；稍耐旱

2756 欧洲菊芋

Helianthus sp.

菊科 向日葵属

球根花卉

产欧洲，栽培种，块茎食用，植株供观赏
喜光；喜温暖湿润

2757 菊芋（洋姜、鬼子姜）

Helianthus tuberosus

菊科 向日葵属

球根花卉

原产北美，我国广泛栽培，块茎可食，植株供观赏

喜光；喜温暖湿润，耐寒；耐旱

2758 黄花菜（金针菜）

Hemerocallis citrina (*H. altissima*)

百合科 萱草属

宿根花卉

原产中国，花蕾可食，植株供观赏

喜光，耐半阴；喜温暖冷凉，生育适温15～28℃；耐旱

2759

蕹菜（空心菜、藤菜）

Ipomoea aquatica

旋花科　番薯属

多年生草本

原产东南亚，枝叶可食，兼观赏

喜光；喜温暖至暖热；喜湿润

2760

番薯（红薯、甘薯、白薯、红苕、山芋、地瓜）

Ipomoea batatas

旋花科　番薯属

球根植物

原产美洲热带，根茎食用，植株供观赏

喜光，不耐阴；喜高温，生育适温20～28℃

2761 丝瓜（水瓜）

Luffa cylindrica

葫芦科 丝瓜属

一年生蔓性草本

中国广布，果实食用，植株供观赏

喜光；喜温暖湿润；喜中性或微酸性土壤

2762 玛咖（玛咔）

Lepidium meyenii

十字花科 独行菜属

一、二年生草本植物

原产秘鲁安第斯山区，云南丽江玉龙县有零星分布，为世界十大畅销保健品之一

喜光；喜冷冻；生长于海拔2800m以上的高寒山区

2763

番茄

Lycopersicon esculentum 'Commune' (*L. e.* var. *c.*)

茄科　番茄属

多作一年生栽培

栽培种，原种产南美，果实食用兼观赏

喜光；喜温暖至高温，生育适温15～30℃

2764

梨形番茄（洋柿子）

Lycopersicon esculentum 'Pyriforme' (*L. e.* var. *p.*)

茄科　番茄属

多作一年生栽培

栽培种，原种产南美，水果型蔬菜供观赏

喜光；喜温暖至高温，不耐寒，生育适温15～30℃

2765	**南烛**（珍珠花、乌饭花）	杜鹃花科	南烛属
	Lyonia ovalifolia (*L. o.* var. *o.*)	落叶灌木或小乔木	

原产我国南部、西南部及喜马拉雅山区，嫩枝及叶捣碎渍汁作叶乌饭，植株兼观赏
喜光，亦耐阴；喜冷凉至温暖，生育适温15～25℃；耐干旱瘠薄；喜微酸性土壤

2766	**苦瓜**（癞瓜、凉瓜、锦荔枝、癞葡萄）	葫芦科	苦瓜属
	Momordica charantia (*M. chinensis, M. elegans*)	一年生蔓性草本	

原产南美，分布亚洲热带，果实食用，是一种保健价
值的蔬菜，植株兼观赏
喜光；喜温暖至高温；喜中性或微酸性土壤

2767 红花菜豆（荷包花）

蝶形花科 菜豆属

Phaseolus coccineus 'Redflower Bean' (*P. c.* 'Multiflorus')

一年生缠绕性藤本

原产美洲热带，荚果食用，植株兼观赏
喜光；喜温暖湿润，不耐寒

2768 菜豌豆（荷兰豆、洋豌豆、食荚大菜豌豆）

蝶形花科 豌豆属

Pisum sativum

一、二年生攀缘草本

原产地中海沿岸及亚洲中部，嫩荚果食用，株兼观赏
喜光；喜温暖湿润

2769 青刺尖（扁核木、狗奶子）

Princepia utilis

蔷薇科　扁桃木属

常绿或半常绿灌木

原产我国西南及东南亚，嫩枝叶腌制食用，株兼观赏

喜光；喜温暖湿润，生育适温18～24℃；耐干旱瘠薄

2770 萝卜（莱菔）

Raphanus sativus

十字花科　萝卜属

一年生粗直根植物

中国产，广泛栽培，粗壮直根食用，株兼观赏

喜光；喜土壤湿润肥沃

2771

黑萝卜（扁核木、狗奶子）

Raphanus sativus cv.

十字花科　萝卜属

一年生粗直根植物

原种产中国，粗壮直根食用，药用，株兼观赏

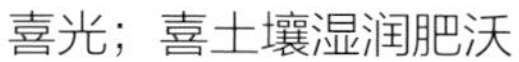

喜光；喜土壤湿润肥沃

2772

红皮萝卜

Raphanus sativus cv.

十字花科　萝卜属

一年生粗直根植物

原种产中国，粗壮直根食用，株兼观赏

喜光；喜土壤湿润肥沃

2773

佛手瓜（洋丝瓜、丰收瓜）

Sechium edule

葫芦科　佛手瓜属

多年生草质藤本

原产美洲，果实可食用，株兼观赏

喜光；喜温暖至高温；喜温暖；耐旱

2774

雪莲果（亚贡）

Smallsnthus sonohlflius

菊科　雪莲果属

块茎植物

原产南美洲安第斯山，块茎为印第安人的传统食品，株兼观赏

喜光；喜温暖至高温；耐旱，忌积水

2775 **野茄** 茄科 茄属

Solanum coagulans 半灌木

产亚洲热带，幼果作蔬菜，傣族常用株兼观赏
喜光；喜温暖至高温，生育适温20～28℃；耐干旱瘠薄

2776 **茄**（落苏） 茄科 茄属

Solanum melongenum（*S. melongena*） 半灌木

原产南非、中美、亚洲，果实为蔬菜，株兼观赏
喜光；喜温暖至高温

2777 **马铃薯**（洋芋、土豆、山药蛋） 茄科 茄属

Solanum tuberosum 一年生块茎植物

产温带地区，块茎食用，株兼观赏
喜光；喜温暖至冷凉；喜沙壤土

2778 **野高粱**（光高粱、草蜀黍） 禾本科 高粱属

Sorghum nitidum 多年生草本

中国广布，种子食用，株兼观赏
喜光，亦耐半阴；喜温暖；耐旱

2779

香椿（椿树、椿芽树）

Toona sinensis (*Cedrela s.*)

楝科　香椿属

落叶乔木

原产中国长江中游，嫩枝、叶作香料食用，株兼观赏

喜光，不耐阴；喜温暖至高温，生育适温18～28℃；耐干旱瘠薄；耐碱性土

2780

蛇瓜（蛇豆、野王瓜）

Trichosanthes anguina

葫芦科　栝楼属

一年生蔓性草本

原产印度，亚洲热带广布，果实食用或药用，株兼观赏

喜光；喜温暖至高温，生育适温20～35℃；喜中性或微酸性土壤

2781

东方香蒲（毛蜡烛、草芽、鬼蜡烛）

Typha orientalis

香蒲科　香蒲属

多年生水生植物

原产亚洲中部、北欧、北非、北美至南美，中国广布，滇南较集中，根状茎白色；也叫草芽，为滇南一美味蔬菜，株兼观赏

喜光，不耐阴；喜温暖至高温；喜浅水、湖塘或池沼内

2782

辣木（鼓槌树）

Moringa oleifera

辣木科　辣木属

多年生热带落叶乔木

原产于印度，全株各部均具较高保健价值，被誉为“世界三宝”、“热带的天然营养库”，亦为优良的观赏树

喜光，耐干旱；适宜生长温度25～35℃

2783 东亚唐棣

Amelanchier asiatica

蔷薇科 唐棣属

落叶小灌木

原产北美，果甜多汁，可鲜食或制果酱，植株兼观赏
喜光；喜温暖湿润

2784 茶树（小叶茶、德宏茶）

Camellia sinensis (*C. s.* var. *s.*)

山茶科 山茶属

常绿灌木或小乔木

原产我国南部，嫩叶制茶，植株兼观赏
喜光，耐半阴；喜温暖湿润；不耐旱

2785

小粒咖啡

Coffea arabica

茜草科 咖啡属

常绿灌木至小乔木

原产东非，种子制咖啡，植株兼观赏

喜光，亦稍耐阴；喜温暖至高温，生育适温16～25℃；喜微酸性土壤

2786

可可

Theobroma cacao

梧桐科 可可属

常绿小乔木或灌木

原产中美洲、西印度群岛，种子制可可，植株兼观赏

喜光，耐半阴；喜高温高湿，生育适温23～32℃

2787 糖槭（银槭）

Acer saccharinum (*A. autumnalis, A. dasycarpum, A. saccharum*)

槭树科　槭树属　落叶乔木

产北美东北部，我国沈阳、北京等地有栽培，树液能制糖，植株兼观赏

喜光；喜温暖湿润，耐寒

2788 美洲糖槭

Acer saccharum

槭树科　槭树属　落叶乔木

原产北美，树液能制糖，植株兼观赏

喜光；喜温暖至高温，较耐寒

摄于德国

2789

埃塞俄比亚糖棕

Borassus aethiopum (*B. upithica*)

棕榈科 糖棕属

常绿乔木状

原产非洲、印度、缅甸、柬埔寨，树液能制糖，植株兼观赏
喜光；喜高温多湿，不耐寒；耐旱

2790

菊苣

Cichorium intybus

菊科 菊苣属

多年生草本

分布亚洲、非洲、美洲、大洋洲，我国产北部，
根含菊糖，植株兼观赏
喜光；喜冷凉至温暖；喜湿润

2791 甘蔗（热带蔗）

Saccharum officinarum

禾本科 甘蔗属

一年生单干植物

广布热带地区，为制糖原料

喜光；喜高温，稍耐旱

2792 大叶相思（耳叶相思）

Acacia auriculiformis

含羞草科 金合欢属

常绿乔木

原产巴布亚、新几内亚、澳大利亚及新西兰，花为优质蜜源，全株供观赏

喜光；喜高温高湿，生育适温20～30℃；耐旱

2793 台湾相思（相思树）

Acacia confusa

含羞草科 金合欢属

常绿乔木

原产我国台湾，菲律宾，优质蜜源，植株兼观赏

喜光；喜温暖至高温；耐旱

2794 相思树

Acacia sp.

含羞草科 金合欢属

常绿乔木

产亚洲热带，优良蜜源，株兼观赏

喜光；喜温暖至高温；耐旱

2795

金雀花（锦鸡儿、金雀儿、金雀锦鸡儿）

Caragana sinica (*C. chamlaga*)

蝶形花科 锦鸡儿属

落叶灌木

原产我国北部至中部，优良蜜源，株兼观赏

喜光；耐寒；耐干旱瘠薄

2796

狼牙刺（白刺花、苦刺花）

Sophora davidii (*S. viciifolia*)

蝶形花科 槐属

落叶带刺灌木

原产中国，广布，优良蜜源，株兼观赏

喜光；喜温暖；耐干旱瘠薄

2797

水红木（揉揉白）

Viburnum cylindricum (*V. coreaceum*)

忍冬科　荚蒾属

常绿灌木至小乔木

产我国西南、西北、华中等地，优良蜜源，植株兼观赏

喜光；喜温暖；耐干旱瘠薄

2798

沙棘（酸醋柳）

Hippophae rhamnoides

胡颓子科　沙棘属

落叶灌木或小乔木

产欧洲及亚洲西部、中部，果含维生素极高，植株兼观赏

喜光；耐严寒，耐酷热；

耐干旱瘠薄，耐水湿；耐盐碱

2799 刺梨（缫丝花）

Rosa roxburghii

蔷薇科 蔷薇属

落叶灌木

原产我国，贵州较集中，果含维生素极高，植株兼观赏

喜光；喜温暖湿润；耐旱

2800 腰果（腰果树、鸡腰果、槚如树）

Anacardium occidentale

漆树科 腰果属

常绿小乔木

原产美洲热带，坚果可食，植株兼观赏

喜光；喜高温湿润，生育适温23～32℃

2801	**锥栗**（珍珠栗、甜栗）	壳斗科	栗属
	Castanea henryi	落叶乔木	

主产我国长江流域以南，坚果可食，植株兼观赏
喜光；喜温暖湿润

2802	**板栗**	壳斗科	栗属
	Castanea mollissima	落叶乔木	

中国特有，坚果可食，植株兼观赏
喜光；喜温暖，生育适温12～25℃；耐干旱瘠薄，忌积水

2803

高山栲

Castanopsia delavayi

壳斗科　栲属

常绿乔木

产我国云南，滇中特有，坚果制淀粉，植株兼观赏
喜光耐半阴；喜温暖；耐干旱瘠薄

2804

欧洲榛

Corylus colurna

榛科　榛属

落叶乔木

产欧洲，坚果可食，植株兼观赏
喜光；喜冷凉至温暖

2805 毛榛（榛子、平榛）

Corylus heterophylla

榛科 | 榛属

落叶灌木或小乔木

产我国北部、西北，日本、朝鲜和西伯利亚有分布，坚果可食，植株兼观赏

喜光；喜冷凉至温暖；耐旱

2806 青冈（铁槠）

Cyclobalanopsis glauca (*Quercus longipes*)

壳斗科 | 青冈属

常绿乔木

我国广布长江流域和以南各省，坚果制淀粉，植株兼观赏

喜光；喜温暖湿润

2807 高山薯蓣

Dioscorea delavayi (*D. kamaonensis* var. *henryi*, *D. k.*, *D. barkillii*)

薯蓣科　薯蓣属

缠绕藤本

分布我国云南、贵州、四川，根为淀粉原料，植株兼观赏
喜光，亦耐半阴；喜温暖湿润

2808 薯蓣（山药）

Dioscorea sansibarensis (*D. macrona*, *D. welwitschii*)

薯蓣科　薯蓣属

攀缘植物

分布亚洲热带，根为淀粉原料，植株兼观赏
喜光，亦耐阴；喜高温湿润

2809 木薯（树薯）

Manihot eaculenta

大戟科　木薯属

常绿亚灌木

原产热带美洲、巴西，块根为淀粉原料，植株兼观赏

喜光；喜高温，不耐寒；耐旱

2810 甘葛藤（粉葛、葛）

Pueraria thomsonii (*P. lobata* var. *t.*)

蝶形花科　葛属

块根植物

分布我国西南、华南，块根为淀粉原料，植株兼观赏

喜光；亦耐半阴；喜温暖；耐干旱瘠薄

2811 柘树

Cudrania tricuspidata

桑科 柘树属

落叶小乔木

原产东亚，中国广布，木材为黄色染料，植株兼观赏

喜光；喜温暖湿润，耐寒；耐干旱瘠薄

2812 马蓝（板蓝、琉球蓝）

Baphicacanthus cusia (*Strobianthes c.*, *S. flaccidifolius.*)

爵床科 板蓝属

亚灌木

原产亚洲热带，分布印度至中南半岛，传统的蓝靛染料原料，植株兼观赏

喜半日照，亦耐阴；喜温暖至高温；喜湿润

2813 大果卫矛（多花卫矛）

Euonymus myrianthus

卫矛科　卫矛属

常绿灌木

产我国西南、华南、华东，果实为黄色染料原料，植株兼观赏

喜光；喜温暖湿润

2814 玫瑰茄（洛神葵、红角葵、萼葵）

Hibiscus sabdariffa

锦葵科　木槿属

常绿亚灌木

原产亚洲、非洲热带，花萼可提红色食品染色剂，植株兼观赏

喜光；喜高温，生育适温20～30℃

2815 木蓝（槐蓝）

Indigofera tinctoria

蝶形花科　木蓝属

小灌木

产我国云南，西北广布，叶可提取蓝靛染料，植株兼观赏

喜光；喜温暖湿润；耐旱

2816 菲岛桐（粗糠柴、红果果）

Mallotus philippensis

大戟科　野桐属

常绿小乔木

原产亚洲热带，红色染料原料，植株兼观赏

喜光；耐旱；酸性、钙质土均能生长

2817

石栗（油桃）

Aleurites moluccana (*A. triloba, Jatropha m., Croton moluccanus*)

大戟科　石栗属　常绿乔木

原产东南亚，我国分布于华南、云南南部，果为工业用油原料，植株兼观赏

喜光；喜暖热，不耐寒

2818

毛麻楝

Chukrasia tabularis (*Ch. Velutina, Chickrassia t.*)

楝科　麻楝属　常绿乔木

产亚洲热带、亚热带，种子为工业用油原料，植株兼观赏

喜光；喜温暖至高温

2819 小葵子

Guizotia abyssinica

菊科 小葵子属

一年生草本

原产东非，种子为食用油原料，植株兼观赏
喜光；喜温暖至高温；稍耐干旱瘠薄

2820 香叶树（红果树、香油果树）

Lindera communis

樟科 山胡椒属

常绿灌木或乔木

产我国华中、华南及西南各省，种子为工业用油原料，植株兼观赏
喜光，亦耐阴；喜温暖湿润；喜酸性土壤

2821 蓖麻（绿叶蓖麻）

Ricinus communis

大戟科　蓖麻属

常绿亚灌木

原产非洲热带，世界广泛栽培，种子为工业用油原料，植株兼观赏

喜光；喜温暖至高温，生育适温23～32℃

2822 乌桕（乌桕树）

Sapium sebiferum(S. pleiocarpus)

大戟科　乌桕属

落叶乔木

原产我国，以长江及珠江流域较集中，种子为工业用油原料，植株兼观赏

喜光；喜高温多湿，生育适温20～30℃；耐水湿

2823 油桐（三年桐、油桐树、罂子桐）

Vernicia fordii (*Aleurites f.*)

大戟科　油桐属　落叶乔木

原产中国、越南，种子为工业用油原料，植株兼观赏

喜光；喜高温多湿，生育适温20～30℃；喜酸性、中性或微石灰性土壤

2824 木油桐（五月雪、千年桐、皱果桐）

Vernicia montana (*Aleurites m.*)

大戟科　油桐属　落叶乔木

原产中国、越南，种子为工业用油原料，植株兼观赏

喜光；喜温暖至暖热，生育适温20～30℃；喜湿润，亦耐干旱贫瘠

摄于台北

2825

油菜

Brassica campestris var. *oleifera*

十字花科 芸苔属

一年生草本

世界广泛栽培，种子为食用油原料，植株兼观赏

喜光，喜温暖湿润

2826

油茶

Camellia oleifera

山茶科 山茶属

常绿灌木或小乔木

原产我国，主要分布于长江流域及以南各省区，种子为食用油原料，植株兼观赏

喜光，幼年较耐阴；喜温暖湿润，年均温度14～21℃；喜酸性土壤，较耐瘠薄

2827 红花油茶

Camellia reticulate f. *simplex*

山茶科 山茶属

常绿乔木

原产我国云南腾冲，种子为食用油原料，植株供观赏
喜半阴亦耐阴；喜温暖湿润，生育适温15～25℃；喜酸性土壤

2828 怒江油茶

Camellia saluenensis

山茶科 山茶属

常绿灌木

产我国云南怒江，种子为食用油原料，植株供观赏
喜光；喜温暖湿润；喜酸性土壤

2829 攸县油茶

Camellia yuhsienensis

山茶科 山茶属

常绿灌木

我国湖南育成，种子为食用油原料，植株兼观赏
喜光；喜温暖湿润；喜酸性土壤

2830 火麻（大麻、线麻）

Cannabis sativa

大麻科 大麻属

一年生草本

原产印度和中亚，种子为食用油原料，植株兼观赏
喜光，耐半阴；喜温暖湿润；耐旱

2831 油棕（油椰子、油子）

Elaeis guineensis (*E. madagascariensis*)

棕榈科　油棕属

常绿乔木状

原产非洲热带，种子为热带食用油原料，植株兼观赏
喜光；喜高温多湿，越冬16℃以上；较耐水湿

2832 油葵

Helianthus annuus cv.

菊科　向日葵属

一年生草本

原种产北美，种子为食用油原料，植株兼观赏
喜光；喜温暖湿润；稍耐旱

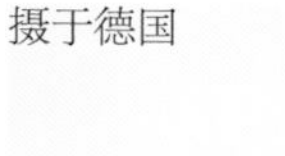

摄于德国

2833

胡桃楸（核桃楸）

Juglans mandchuriea

胡桃科　胡桃属

落叶乔木

我国分布东北、河北，种子为食用油原料，植株兼观赏

喜光；喜冷凉至温暖

2834

胡桃（核桃）

Juglans regia

胡桃科　胡桃属

落叶乔木

原产伊朗，种子为食用油原料，植株兼观赏

喜光；喜冷凉至温暖，能耐－25℃低温；喜微酸至微碱性土壤

2835 澳洲坚果

Maeadamia ternifolia (*M. integrifolia*)

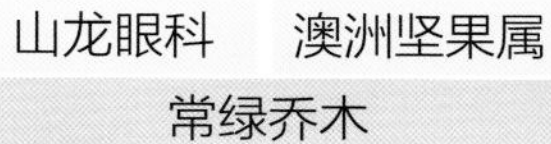

山龙眼科　澳洲坚果属

常绿乔木

产澳大利亚，种子为食用油原料，植株兼观赏

喜光；喜温暖至高温

2836 油橄榄（齐墩果、洋橄榄、油榄、阿列布）

Olea europaea

木樨科　油橄榄属

常绿乔木

原产地中海地区，果实为食用油原料，植株兼观赏

喜光；喜冬季温暖湿润，夏季干燥炎热；耐干旱；能抵抗盐碱

2837 胡麻

Sesamum indicum (*S. orientale*)

胡麻科　胡麻属　一年生草本

原产亚洲热带，种子为食用油原料，植株兼观赏

喜光；喜温暖，耐高温；耐旱

2838 芝麻（脂麻、胡麻、油麻）

Sesamum radiatum

胡麻科　胡麻属　一年生草本

原产亚洲热带，种子为食用油原料，植株兼观赏

喜光；喜温暖至高温；耐干旱

2839 **金合欢** *Acacia farnesiana*

含羞草科 金合欢属

常绿多刺灌木

原产热带，各地栽培，花提取芳香油，荚果及根提取黑色染料，植株兼观赏
喜光；喜高温，生育适温23～32℃；耐旱

2840 **高山蓍**（锯草、羽衣草、一枝蒿） *Achillea alpina*

菊科 蓍草属

多年生草本

分布我国北部，茎、叶含芳香油，可作调香原料，植株兼观赏
喜光，耐半阴；喜温暖湿润，亦耐寒

2841

欧蓍草（西洋蓍草、多叶蓍）

Achillea millefolium

菊科　蓍草属

多年生草本

原产欧洲、亚洲及北美洲，茎、叶作调香原料，植株兼观赏

喜光；喜温暖湿润

2842

米兰（米仔兰、树兰、碎米兰、鱼子兰）

Aglaia odorata

楝科　米仔兰属

常绿灌木或小乔木

原产我国南部及东南亚，花提取芳香油，植株供观赏

喜光略耐阴；喜高温高湿，生育适温22～30℃；不耐旱；喜微酸性土壤

2843 草果

Amomum tsao-ko

姜科　豆蔻属

多年生丛生草本

产我国云南东南部、广西、贵州，果实为调味香料
喜光，稍耐阴；喜暖热至高温多湿

2844 鹰爪花（鹰爪兰、五爪兰、鹰爪）

Artabotrys hexapetalus (*A. uncinatus*)

番荔枝科　鹰爪花属

常绿攀缘灌木

产我国西南部至东南部，花提取芳香油，植株供观赏
喜光；喜高温湿润，生育适温20～30℃

2845

木胡瓜（三稔）

Averrhoa bilimbi

阳桃科　阳桃属

常绿灌木至乔木

原产马来西亚、印度尼西亚，花提取芳香油，植株供观赏
喜光；喜高温湿润，生育适温23～32℃

2846

依兰香（香水树、夷兰、伊兰香）

Cananga odorata

番荔枝科　依兰属

常绿乔木

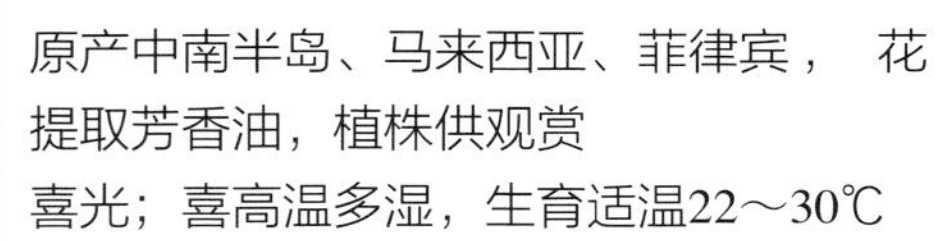

原产中南半岛、马来西亚、菲律宾，花提取芳香油，植株供观赏
喜光；喜高温多湿，生育适温22～30℃

2847 **香樟**（樟树） 樟科 樟属

Cinnamomum camphora 常绿乔木

产日本和中国，叶提取樟脑，植株供观赏

喜光，稍耐阴；喜高温，生育适温18～30℃；较耐水湿，耐干旱瘠薄；喜酸性或中性沙壤土

2848 **金粟兰**（珠兰、鱼子兰、珍珠兰） 金粟兰科 金粟兰属

Chloranthus spicatus 常绿亚灌木

分布我国南方，栽培悠久，花提取香精，植株供观赏

喜半日照，亦耐阴；喜温暖湿润，生育适温20～26℃

2849 **芫荽**（香菜） 伞形科 芫荽属

Coriandrum sativum 一年生草本

原产地中海地区，全株作食用油香料，植株兼观赏

喜光；喜温暖湿润

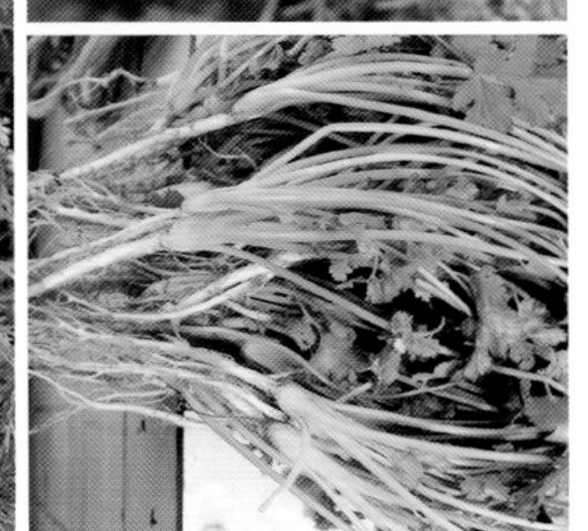

2850

柠檬桉

Eucalyptus citriodora

桃金娘科 桉属

常绿乔木

原产澳大利亚，枝叶提取芳香油，植株供观赏
喜光；喜高温高湿，生育适温22～30℃；耐旱

2851

蓝桉

Eucalyptus globulus

桃金娘科 桉树属

常绿乔木

原产澳大利亚，我国云南引种普遍，枝叶提取芳香油，植株供观赏
极喜光；喜温暖；耐干旱瘠薄；喜酸性土壤

摄于昆明

2852 木苹果

Feroniella lucida (*Feronia l.*)

芸香科 木苹果属

常绿乔木

原产印度，我国台湾亦有栽培，果可作香料，植株兼观赏
喜光；喜高温湿润，亦耐旱

2853 茴香

Foeniculum vulgare

伞形科 茴香属

多年生草本

原产地中海沿岸，果可作香料，植株兼观赏
喜光；喜温暖，生育适温15～25℃

2854 **八角**（大茴香） 八角科 八角属

Illicium verum 常绿乔木

分布我国华南及西南，果实可作香料，植株兼观赏
喜光，亦耐阴；喜冬暖夏凉；喜湿润，不耐干燥瘠薄；喜酸性土壤

2855 **香根鸢尾**（银苞鸢尾） 鸢尾科 鸢尾属

Iris florentina (*I. pallida, I. odoratissima*) 球根花卉

原产中南欧及阿尔卑斯山，根茎芳香，可提香精，植株供观赏
喜光，亦耐阴；喜温暖湿润；耐旱

2856 **素馨**（素馨花） 木樨科 茉莉属

Jasminum grandiflorum（*J. officinale* 'G.', *J. o.* var. *g.*） 常绿缠绕藤本

分布我国西南各省，花提取香精，植株供观赏
喜光，亦耐阴；喜温暖湿润；忌干旱

2857 **毛茉莉** 木樨科 茉莉属

Jasminum multiflorum 常绿半蔓性灌木

产亚洲热带，花提取香精，植株供观赏
喜光；喜高温湿润，生育适温22～30℃

2858 素方花

Jasminum officinale

木樨科 茉莉属

常绿缠绕藤本

原产我国西南部，花提取香精，植株供观赏

喜光，亦耐阴；喜温暖湿润；忌干旱

2859 重瓣茉莉

Jasminum sambac 'Trifoliatum'

木樨科 茉莉属

落叶或半落叶灌木

原种产印度、伊朗、阿拉伯半岛，花提取香精，植株供观赏

喜光，稍耐阴；喜高温，生育适温22～30℃；不耐旱；喜微酸性沙壤

2860 紫花山奈

Kaempferia pulchra

姜科 山奈属

球根花卉

原产泰国诸岛，根茎可作调味香精，株兼观赏

喜半日照，亦耐阴；喜高温湿润，生育适温22～28℃

2861 海南三七

Kaempferia rotunda

姜科 山奈属

球根花卉

分布我国海南、广东、广西、福建、云南南部，东南亚根茎可提香精，用于医药，植株供观赏

喜光，亦耐阴；喜高温湿润，生育适温22～28℃

2862 狭叶薰衣草（英国薰衣草）

Lavandula angustifolia

唇形科　薰衣草属

常绿亚灌木

原产地中海地区，株可提香精，供观赏

喜光；喜温暖；耐旱

2863 粉花薰衣草

Lavandula angustifolia 'Loddon Pink'

唇形科　薰衣草属

常绿亚灌木

原种产地中海地区，株可提香精，供观赏

喜光；喜温暖；耐旱

2864 **紫花薰衣草** 唇形科 薰衣草属

Lavandula angustifolia 'Twickel Purple' 常绿亚灌木

原种产地中海地区，株可提香精，供观赏
喜光；喜温暖；耐旱

特殊用途植物

2865 **羽叶薰衣草**（爱情草） 唇形科 薰衣草属

Lavandula pinnata 常绿亚灌木

原产非洲加那利群岛，株可提香精，供观赏
喜光；喜温暖，忌高温高湿，生育适温15～22℃；不耐旱

2866 耶尔薰衣草（法国薰衣草）

Lavandula stoechas (*L. s.* ssp. *pedunculata*)

唇形科　薰衣草属

常绿亚灌木

产欧洲耶尔群岛，株可提香精，供观赏

喜光；喜温暖湿润，不耐寒

2867 杨叶木姜子

Litsea populifolia

樟科　木姜子属

落叶灌木

分布我国四川、云南、西藏，全株各部均可提香油，供观赏

喜光，稍耐阴，喜温暖湿润

2868 红枝木姜子

Litsea rubescens (*L. r.* var. *r.*)

樟科 木姜子属

落叶灌木或小乔木

原产我国西南地区，株各部均可提芳香油，供观赏

喜光；喜温暖至高温；喜湿润稍耐旱；喜酸性土壤

2869 白油树

Melaleuca quinquenervia

桃金娘科 白千层属

常绿乔木

产印度、马来西亚、大洋洲，枝叶提芳香油作药用，株供观赏

喜光；喜高温多湿，生育适温22～30℃

2870 **白兰花**（白缅桂、白兰、缅桂、黄葛兰） 木兰科 含笑属

Michelia alba 常绿乔木

产东南亚诸国，花提取香精，株供观赏

喜光，不耐阴；喜温暖湿润，生育适温20～32℃；不耐旱；喜微酸性土壤

2871 **醉香含笑**（火力楠） 木兰科 含笑属

Michelia macclurei (*M. m.*var. *sublanea*) 常绿乔木

产广东、广西、海南，花提取香精，株供观赏

喜光，亦耐阴；喜暖热湿润；喜微酸性土壤

2872 **九里香**（千里香） 芸香科 九里香属

Murraya paniculata (*M. p.* var. *exotica, M. e., Chalcas e.*) 常绿灌木

分布亚洲热带及亚热带，花提取香精，株供观赏

喜光，亦耐阴；喜高温高湿，生育适温22～30℃；耐旱，亦耐湿

2873 **新樟**（云南桂、少花新樟） 樟科 新樟属

Neocinnamomum delavayi (*N. parvifolium*) 常绿灌木或小乔木

产我国云南中部、西部，枝叶可提取芳
香油，株供观赏

喜光；喜温暖湿润

2874 沙针（乾檀香）

Syris wightiana

檀香科　沙针属

常绿灌木（附生植物）

分布我国四川、云南、广西，根可提取芳香油，株供观赏
喜光；喜温暖湿润；耐干旱，忌积水

2875 香叶天竺葵（摸摸看）

Pelargonium graveolens

牻牛儿苗科　天竺葵属

多年生草本

原产南非，枝叶可提取芳香油，株兼观赏
喜光，亦耐阴；喜温暖至高温；耐旱

2876 广紫苏（白苏、紫苏、回回苏）

Perilla frutescens（*P. f.* var. *crispa*）

唇形科 紫苏属

一年生草本

产亚洲东部，叶作调味香料，株兼观赏

喜光，不耐阴；喜温暖至高温，生育适温18～28℃

2877 胡椒（黑胡椒）

Piper nigrum

胡椒科 胡椒属

常绿攀缘灌木

产东南亚热带，果实为著名的辛辣香料，株兼观赏

喜光，亦耐半阴；喜温暖湿润

2878 **清香木** *Pistacia weinmannifolia*

漆树科 黄连木属

常绿灌木或乔木

产我国云南，西藏、四川、贵州亦有分布，叶可提取芳香油，株供观赏

喜光；喜暖热湿润；耐旱，耐水湿；喜石灰岩土壤

2879 晚香玉（夜来香、月下香）

Polianthes tuberosa

石蒜科　晚香玉属

常绿球根花卉

原产墨西哥，花可提香精，全株供观赏

喜光；喜温暖湿润，生育适温22～28℃，越冬10℃以上；不耐旱

2880 重瓣晚香玉（重瓣夜来香）

Polianthes tuberosa 'The Pearl' (*P. t.* cv. *plena*, *P. t.* 'Plena')

石蒜科　晚香玉属

常绿球根花卉

原产墨西哥及南美洲，花可提香精，全株供观赏

喜光；喜温暖湿润，生育适温22～28℃，越冬10℃以上；不耐旱

2881 大胡椒（毛叶树胡椒）

Pothomorphe subpeltata

胡椒科　胡椒属

灌木至小乔木

原产马来西亚，全株可提芳香油，株供观赏

喜光；喜高温湿润

2882 迷迭香（艾菊）

Rosmarinus officinalis

唇形科　迷迭香属

常绿亚灌木

原产欧洲及北非地中海沿岸，全株可提芳香油，株供观赏

喜光；喜温暖湿润，生育适温15～25℃；耐旱；耐石灰质土

2883 香子兰（香果兰、香草兰、扁叶香草兰）

Vanilla plannifolia (*V. fragrans*, *V. vanilla*)

兰科　香子兰属

常绿多年生草本

原产墨西哥、危地马拉至中美洲，蒴果为重要药材，全株可提芳香油
喜半日照；喜高温湿润

插图：巴黎凡尔赛宫后宫大道景观

2884 花椒

Zanthoxylum bungeanum

芸香科　花椒属

落叶多刺灌木

原产中国，广布，果皮为著名辛香原料，用作调味及药用，全株供观赏
喜光；喜温暖湿润；耐干旱瘠薄；喜微酸性土壤

2885 **竹叶椒**（秦椒、蜀椒、雀椒） 芸香科 花椒属

Zanthoxylum planispinum 落叶多刺灌木或小乔木

产中国，分布广，果皮作调味，亦可杀虫，株供观赏

喜光；喜温暖湿润，亦耐旱

2886 **姜**（姜母、生姜） 姜科 姜属

Zingiber officinale 球根植物

原产亚洲热带，中国广泛栽培，根状茎可食用、药用，株兼观赏

喜光，亦耐阴；喜温暖至暖热；喜湿润

2887

烟草（红花烟）

Nicotiana tabacum

茄科 | 烟草属

多一年生栽培

原产南美，加工烤烟的原料

喜光；喜温暖湿润，生育适温10～25℃

2888

黄檀（檀）

Dalbergia hupeana

蝶形花科 | 黄檀属

落叶乔木

产我国东部、中部、南部及西南，紫蛟虫寄主树种，供观赏

喜光；喜温暖；耐干旱瘠薄

2889 黑黄檀

Dalbergia nigrescens

蝶形花科 黄檀属

常绿乔木

分布亚洲热带，紫胶虫寄主树种，供观赏
喜光，亦耐阴；喜高温高湿

摄于吴哥

2890 金屯叶黄檀（牛肋巴）

Dalbergia obtusifolia

蝶形花科 黄檀属

落叶乔木

产我国云南南部、西南部，紫胶虫寄主树种，供观赏
喜光；喜高温；耐旱

摄于吴哥

2891

细叶黄檀

Dalbergia oliveri

蝶形花科　黄檀属

常绿乔木

原产马来西亚、泰国，紫蛟虫寄主树种，供观赏
喜光；喜高温湿润

摄于新加坡

2892

大叶水榕（闭口榕）

Ficus glaberrima（*F. g.* var. *g.*）

桑科　榕属

常绿乔木

产我国云南南部，紫蛟虫寄主树种，供观赏
喜光，稍耐阴；喜温暖至高温，不耐寒

2893

狭叶白蜡（狭叶水曲柳）

Fraxinus angustifolia (*F. oxycarpa*)

木樨科 白蜡树属

落叶乔木

产欧洲，白蜡虫寄主树种，供观赏

喜光；喜温暖湿润

2894

白蜡树（白蜡、梣）

Fraxinus chinensis (*F. ch.*ssp. *ch.*)

木樨科 白蜡树属

落叶乔木

原产中国，分布极广，白蜡虫寄主树种，供观赏

喜光，稍耐阴；喜冷凉至温暖，生育适温12～18℃；喜湿耐涝，亦耐干旱

2895

盐肤木（五倍子树）

Rhus chinensis (*Rh. ch.* var. *ch.*)

漆树科　盐肤木属

落叶小乔木

原产中国，五倍子虫寄主树种，供观赏

喜光；喜温暖至高温，耐严寒，生育适温15～25℃；耐旱

2896 苘麻（观赏苘麻、大风铃花）

Abutilon hybridum（*A. hybrida*）

锦葵科　苘麻属

常绿亚灌木

原产巴西，全株为纤维原料，供观赏

喜光；喜温暖至高温，生育适温22～28℃；喜湿润，稍耐旱

2897 昴天莲（鬼棉花、刺果藤、水麻）

Ambroma augusta

梧桐科　昴天莲属

常绿灌木

原产热带亚洲至大洋洲，我国南部亦产，重要的纸钞原料，植株供观赏

喜光；喜高温高湿，生育适温22～30℃；忌干旱

2898

构树（楮）

Broussonetia papyrifera（*Snithiodendren artocarpioideum*）

桑科　构属

落叶乔木

原产东亚，日本、朝鲜半岛、越南至印度亦有分布，中国广布，优良的纤维植物，供观赏

喜光；喜高温高湿；生长适温22～30℃；耐干旱瘠薄，亦耐水湿；喜钙质土

2899

巴拿马草

Carludovica palmata

巴拿马草科　巴拿马草属

常绿灌木状

原产美洲热带，重要的纤维植物，供观赏

喜光；喜高温湿润

2900

珊瑚朴

Celtis julianae

榆科 朴属

落叶乔木

分布我国华中、华东、西南，茎皮为纤维原料，植株供观赏
喜光；喜温暖湿润

2901

朴树（沙朴、朴榆）

Celtis sinensis

榆科 朴属

落叶乔木

产中国、日本、朝鲜半岛，茎皮为纤维原料，植株供观赏
喜光；喜温暖湿润

2902 粗毛榕

Ficus hirta

桑科 榕属

常绿乔木

产亚洲热带，茎皮为纤维原料，植株兼观赏

喜光；喜高温湿润

2903 黄毛榕（掌叶榕）

Ficus simplicissima var. *hirta*

桑科 榕属

常绿小乔木

分布于我国南部、印度和越南，茎皮为纤维原料，植株兼观赏

喜光；喜高温湿润

2904 **粘毛山芝麻**

Helicteres viscida

梧桐科 山芝麻属

灌木

产热带地区，茎皮为纤维原料，植株供观赏
喜光，耐半阴；喜高温湿润

2905 **鸡桑**

Morus australis

桑科 桑属

落叶灌木或乔木

产我国西南，茎皮为纤维原料，植株供观赏
喜光；喜温暖；耐寒，耐干旱瘠薄

2906

假苹婆（绯苹婆）

Sterculia coccinea (*S.lanceolata* var. *c.*)

梧桐科 苹婆属

常绿乔木

原产马来半岛，婆罗洲，茎皮为纤维原料，植株供观赏
喜光；喜高温湿润，生育适温18～28℃

2907

苹婆（凤眼果）

Sterculia monosperma (*S. nobilis*)

梧桐科 苹婆属

常绿小乔木

原产我国南部、西南，中南半岛，茎皮为纤维原料，植株供观赏
喜光；喜高温湿润，生育适温18～28℃

2908 **绿玉树**（绿珊瑚、光棍树）

Euphorbia tirucalli

大戟科 大戟属

常绿肉质灌木

原产南非，植株可提炼油料，供观赏
喜光，亦耐阴；喜高温，生育适温25～30℃，越冬12℃左右；喜干燥

2909 **膏桐**（小桐子、麻疯树）

Jatropha curcas

大戟科 膏桐属

落叶灌木

原产美洲热带，种子为重要的动力油料原料，植株供观赏
喜光；耐干热瘠薄，极耐旱

2910

银荆

Acacia dealbata

含羞草科　金合欢属

常绿乔木

原产澳大利亚，栲胶树种，植株供观赏

喜光；喜温暖至高温；喜干燥

2911

鱼骨松（银荆树、圣诞树、银栲）

Acacia decurrens var. *dealbata* (*A. dealbata*)

含羞草科　金合欢属

常绿乔木

原产澳大利亚，栲胶树种，植株供观赏

喜光；喜温暖至高温；喜干燥

2912 黑荆树

Acacia mearnsii (*A. decurrens* var. *mollissima*, *A. d.* var. *mollis*)

含羞草科 金合欢属

常绿乔木

原产澳大利亚，栲胶树种，植株供观赏
喜光；喜温暖至高温；喜干燥

2913 巴西橡胶（三叶橡胶、橡胶树、胶树）

Hevea brasiliensis

大戟科 橡胶属

落叶乔木

原产巴西亚马逊河，重要的橡胶原料，植物兼观赏
喜光，不耐阴；喜高温高湿，喜静风

2914	**化香** *Platycarya strobilacea* (*P. kwangtungensis*, *P. longipes*)	胡桃科	化香属
		落叶乔木	

产我国长江流域及西南各省，重要的栲胶树种，供观赏
喜光；喜温暖至高温；耐干旱瘠薄；喜钙质土

2915	**栓皮栎**（软皮栎、粗皮栎、软木栎） *Quercus variabilis* (*Qu. bungeana*)	壳斗科	栎属
		落叶乔木	

原产西欧及北非，壳斗为重要的鞣料原料，植株供观赏
喜光，不耐阴；喜温暖，能耐 - 20℃低温，生育适温15～26℃；耐干旱瘠薄

昆明金殿250多年栓皮栎古树

2916

漆树

Toxicodendron vernicifluum (*Rhus verniciflua*)

漆树科　漆树属

落叶灌木或小乔木

原产东亚，树液为漆的原料，植株供观赏

喜光，稍耐阴；喜温暖，抗寒性强；耐干旱瘠薄

2917

树蓼（海葡萄）

Coccaloba uvifera

蓼科　海葡萄属

落叶灌木或小乔木

原产美洲热带、古巴，果实能提食用果胶，植株供观赏
喜光；喜高温，生育适温23～32℃

2918

三刺皂荚（三刺皂角）

Gleditsia triacanthus

苏木科　皂荚属

落叶乔木

中国栽培，荚果皮可提皂素，植株供观赏
喜光；喜暖热；喜微酸性土壤

2919 疣柄魔芋

Amorphophallus virosus (*A. paeoniifolius, A. bankolensis*)

天南星科 魔芋属 球根花卉

产我国东南至西南部，球根为饲料，植株兼观赏
喜光，耐阴；喜温暖至高温多湿

2920 印度麻（太阳麻、菽麻）

Crotalaria juncea

蝶形花科 猪屎豆属 半灌木状植物

原产东南亚，大洋洲，优良的饲料和绿肥植物，茎皮纤维亦可制麻织品，植株兼观赏
喜光；喜温暖至高温；耐旱

2921 猪屎豆（猪屎青、三圆叶猪屎豆）

Crotalaria mucronata (*C. striata*, *C. pallida* var. *obovata*)

蝶形花科 猪屎豆属

半灌木状植物

产亚洲、美洲、非洲热带，良好的绿肥和饲料，植株兼观赏

喜光；喜高温，不耐寒；耐旱

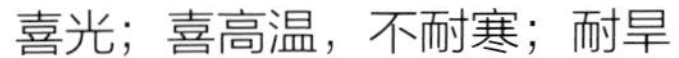

2922 花叶黑籽南瓜

Cucurbita ficifolia

葫芦科 南瓜属

一年生蔓性草本

原产南美，优良的饲料，植物供观赏

喜光；喜温暖湿润；喜中性或微酸性土壤

2923 **紫苜蓿**（紫花苜蓿、苜蓿）

Medicago sativa

蝶形花科 苜蓿属

宿根草本

原产西亚，优良的饲料植物，亦可观赏

喜光；喜温暖；耐干旱瘠薄

2924 **大花田菁**（红花田菁、木田菁）

Sesbania grandiflora (*S. cannabina*)

蝶形花科 田菁属

落叶灌木或小乔木

原产亚洲热带，茎叶是良好的饲料和绿肥，植株兼观赏

喜光；喜暖热湿润，生育适温23～30℃；耐旱

2925 木田菁（白花田菁）

Sesbania grandiflora 'Alba'

蝶形花科　田菁属

常绿灌木或小乔木

原产亚洲热带，茎叶是良好的饲料和绿肥，植株兼观赏

喜光；喜暖热，生育适温23～30℃；耐旱

2926 绛车轴草（猩红苜蓿 紫车轴草 绛三叶）

Trifolium incarnafum

蝶形花科　车轴草属

一年生草本

原产欧洲，优良的饲料和绿肥植物，亦可观赏

喜光；喜温暖湿润；耐旱

2927 垂花琴木

Citharexylum spinosum

马鞭草科 琴木属 常绿灌木

原产西印度群岛，优良的诱蝶观赏植物
喜光；喜温暖至高温，生育适温20～28℃

2928 白花臭牡丹

Clerodendrum album

马鞭草科 赪桐属 落叶灌木

原产中国，优良的诱蝶观赏植物
喜光，亦耐半阴；喜温暖至高温，生育适温16～26℃

2929 臭牡丹

Clerodendrum bungei

马鞭草科 | 赪桐属 | 落叶灌木

产中国、印度尼西亚和越南，重要的诱蝶观赏植物

喜光，亦耐阴；喜温暖湿润，生育适温16～26℃；耐湿亦耐旱

2930 猫须草（肾茶）

Orthosiphon aristatus

（*O. stamineus, O. spiralis, Clerodendranthus spi.*）

唇形科 | 鸡脚参属 | 宿根花卉

原产东南亚及澳大利亚，诱蝶观赏植物，亦能入药

喜光；喜温暖至高温多湿，生育适温15～30℃

2931 紫花猫须草

Orthosiphon aristatus 'Purple'

唇形科 鸡脚参属 宿根花卉

原产澳大利亚、亚洲热带，诱蝶观赏植物，亦能入药
喜光；喜高温湿润，生育适温20～30℃

2932 小紫珠（白棠子树、紫珠）

Callicarpa dichotoma

马鞭草科 紫珠属 落叶小灌木

原产我国中部和东部，日本和越南也有分布，优良的诱鸟观赏植物
喜光，亦耐阴；喜温暖，亦耐寒；耐修剪

2933 紫珠（紫珠草）

Callicarpa japonica

马鞭草科　紫珠属　落叶灌木

原产我国，广布，优良的诱鸟观赏植物

喜光，亦耐阴；喜温暖至高温，生育适温20～28℃

2934 大叶紫珠

Callicarpa macrophylla

马鞭草科　紫珠属　落叶灌木

产我国云南、贵州、广东、广西，东南亚，优良的诱鸟观赏植物

喜光，亦耐阴；喜温暖至高温

2935 狭叶紫珠（狭叶红紫珠）

Callicarpa rubella f. *angustata*

马鞭草科 | 紫珠属 | 落叶灌木

产我国云南南部、东南、西南部，优良的诱鸟观赏植物
喜半日照，耐阴；耐寒

2936 毛樱桃（南京樱桃、樱桃、山豆子）

Cerasus tomentosa (*Prunus t.*)

蔷薇科 | 樱属 | 落叶乔木

产我国华北、东北、西南等地，优良的诱鸟观赏树
喜光；耐寒，生育适温10～22℃；耐旱；耐碱土

2937 乌鸦果（午饭果、土千年健）

Vaccinium fragile

越橘科 越橘属

常绿丛生灌木

产我国昆明各区县，优良的诱鸟观赏植物

喜光；喜温暖，耐旱

2938 米饭花

Vaccinum mandarinorum

越橘科 越橘属

常绿灌木

产我国昆明各区县，优良的诱鸟观赏植物

喜光，亦耐半阴；喜温暖湿润

2939 团花树（大叶黄梁木）

Anthocephalus chinensis（*Cephalanthus ch.*）

茜草科 团花属

常绿乔木

分布印度至马来西亚，我国产南部、西南部，优良速生用材树，兼观赏

喜光；喜暖热湿润

2940 秋枫（常绿重阳木、水蚬木、秋风）

Bischofia javanica（*B. trifoliata*, *Andrachne t.*）

大戟科 重阳木属

常绿或半常绿乔木

产我国云南，分布于长江以南至台湾，优良用材树，兼观赏

喜光，稍耐阴；喜高温多湿，生育适温22～30℃，越冬5～10℃；耐水湿；喜微酸性土壤

2941 重阳木（秋枫）

Bischofia polycarpa（*B. racemosa*, *B. trifoliate*）

大戟科 | 重阳木属 | 落叶乔木

产我国秦岭、淮河流域以南至广东、广西北部，优良用材树，兼观赏

喜光，稍耐阴；喜高温；耐水湿

特殊用途植物

2942 梓树（木角豆、臭梧桐、河楸）

Catalpa ovata

紫葳科 | 梓树属 | 落叶乔木

产中国，日本亦有，优良用材树，兼观赏

喜光，.稍耐阴；喜温暖湿润，颇耐寒，生育适温18～28℃；耐干旱瘠薄

2943 红皮铁树

Ostryoderris stuhlmanii

蝶形花科 | 红皮铁木属

常绿大乔木

分布西非、南非、印度，名贵用材树兼观赏
喜光；喜高温湿润

2944 印度紫檀（紫檀、红木、青龙木）

Pterocarpus indicus

蝶形花科 | 紫檀属

落叶乔木

原产印度至东南亚各地，名贵用材树兼观赏
喜光；喜高温多湿，不耐寒；耐旱

2945 **红椿**（红楝子） 楝科 香椿属

Toona surenni（*T. ciliata* var. *c.*） 落叶乔木

分布我国广东、广西 、云南南部，优良用材树兼观赏

喜光；喜暖热湿润

2946 **柚木**（血树） 马鞭草科 柚木属

Tectona grandis 常绿乔木

原产中国、印度尼西亚、马来西亚、印度、缅甸、泰国，速生优良用材树兼观赏

喜光；喜高温，生育适温23～32℃；喜酸性、微酸性土壤

2947 马占相思

Acacia mangium

含羞草科　金合欢属

常绿乔木

原产澳大利亚及东南亚，速生优良薪材及造纸原料，兼观赏

喜光；喜高温湿润；抗旱；耐风

2948 铁刀木（挨刀树）

Cassia siamea (*Senna s.*)

苏木科　决明属

常绿乔木

原产亚洲热带（印度、泰国、马来西亚、斯里兰卡），优良薪材，兼观赏

喜光；喜高温，生育适温23～30℃；耐旱

2949

黄蜀葵（豹子眼睛花、棉花葵）

Abelmoschus manihot (*A. m.* var. *m.*, *Hibiscus m.*)

锦葵科 秋葵属

多年生草本

原产中国、日本、印度，全株入药，兼观赏

喜光；喜温暖至高温，生育适温18～28℃；对土壤要求不严

2950

黄杨叶芒毛苣苔（上树蜈蚣）

Aeschynanthus buxifolius

苦苣苔科 芒毛苣苔属

常绿附生小灌木

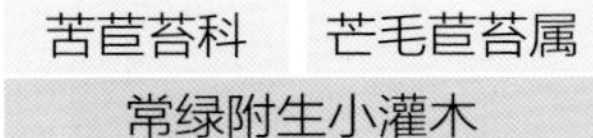

产我国云南东部、南部，生于林内树干上，全株入药，兼观赏

喜光，亦耐半阴；喜温暖至高温湿润

2951

鸭嘴花（牛舌花、大驳骨、虾蟆花、牛舌兰、野靛青）

爵床科　鸭嘴花属

Adhatoda vasica

（*Acanthus spinosus*, *Ac. mollis*, *Justicia adhatoda.*, *J. v.*）

常绿灌木

原产亚洲热带，全株入药，兼观赏
喜光，稍耐阴；喜暖热湿润

2952

藿香

唇形科　藿香属

Agastache rugosus (*A. rugosa*)

多年生草本

产东亚、俄罗斯及北美，全株入药，兼观赏
喜光，稍耐阴；喜温暖湿润，生育适温18～26℃

2953 叶下花（腋花兔耳风）

Ainsliaea pertyoides (*A. p.* var. *p.*)

菊科 兔儿风属

多年生草本

分布我国云南、四川，
全草入药，兼观赏
喜光，亦耐阴；喜冷
凉，耐寒

2954 红豆蔻

Alpinia galanga (*Languas g.*)

姜科 山姜属

球根植物

原产东南亚，我国分布广东、广西、云南，根状茎
和果实药用，植株兼观赏
喜光；喜高温湿润

2955 高良姜

Alpinia officinarum

姜科　山姜属

球根植物

我国分布东南部至西南部，根状茎药用，植株兼观赏
喜光；喜温暖，耐高温

2956 虎掌草（草玉梅）

Anemone rivularis

毛茛科　银莲花属

多年生草本

我国分布云南、贵州、四川、西藏、广西、甘肃等地，
全草入药，植株兼观赏
喜冷凉湿润

2957 野棉花

Anemone vitifolia

毛茛科　银莲花属

多年生草本

我国产云南西北部、中部，全草入药兼观赏

喜光，亦耐半阴；喜温暖湿润

2958 洋落葵（藤三七）

Anredera cordifolia (*A. gracilis* 'Pseudobaselloides', *Basella rubra*)

落葵科　落葵薯属

常绿蔓性藤本

原产热带美洲、巴西，嫩叶可食用，全株入药兼观赏

喜光；喜温暖至高温，生育适温22～28℃

2959

毛叶红珠七

Antenoron filiforme var. *lcachinum*

蓼科 | 金钱草属

多年生草本

产我国云南东南部、缅甸，
全草入药兼观赏
喜光；喜温暖至高温

2960

牛蒡

Arctium lappa

菊科 | 牛蒡属

二年生草本

我国分布北部和西南，根、嫩叶柄可食用并入药，植株观赏
喜光；喜温暖；耐旱亦耐湿

2961 红毛毡（虎舌红）

Ardisia mammillata

紫金牛科 紫金牛属

匍匐亚灌木

分布我国西南、华南，全株入药兼观赏
喜光，亦耐半阴；喜温暖湿润；忌干旱

2962 蓟罂粟（刺罂粟）

Argemone mexicana

罂粟科 蓟罂粟属

多年生有刺草本

原产墨西哥，全株入药兼观赏
喜光，亦耐半阴；喜温暖湿润；耐旱

2963 天南星（七叶一枝花、重楼、独脚莲、蚤休）

Arisaema consanguineum

天南星科　天南星属

球根植物

广布我国黄河流域以南，根状茎药用，植株观赏

喜光，亦耐阴；喜温暖湿润

2964 象鼻南星（象南星、蛇包谷）

Arisaema elephas

天南星科　天南星属

球根植物

分布我国云南西北、四川西南，根状茎药用，植株观赏

喜光，亦耐阴；喜温暖湿润

2965

一把伞南星（天南星）

Arisaema erubescens (*A. consanguineum*)

天南星科　天南星属

球根植物

产我国，云南广布，根状茎药用，植株观赏

喜光，亦耐阴；喜温暖湿润

2966

竹叶兰（竹兰、笔竹、长杆兰）

Arundina graminifolia (*A. bambusifolia*)

兰科　竹叶兰属

地生兰

产亚洲热带，球根茎叶入药，植株观赏

喜光，亦耐半阴；喜温暖至高温湿润，生育适温18～28℃；耐水湿，不耐旱

2967 花脸细辛

Asarum splendens

马兜铃科 细辛属

多年生草本

产我国云南昭通、大关，全草入药兼观赏
耐阴；喜湿；喜冷凉

2968 马利筋（莲生桂子花、芳草花）

Asclepias curassavica

萝藦科 马利筋属

多年生草本

原产美洲热带，我国广泛栽培，全草入药兼观赏
喜光，耐半阴；喜高温，生育适温22～30℃；耐旱

2969 云木香（广木香、青木香）

Aucklandia lappa

菊科　云木香菊属

多年生高大草本

原产印度，中国云南、四川和广西有栽培，全株入药兼观赏

喜光；喜温暖至高温，不耐寒；耐旱

2970 岩白菜

Bergenia purpurascens

虎耳草科　岩白菜属

多年生草本

产我国西南，根茎入药，为天然抗艾滋病药源，植株兼观赏

喜光，耐半阴；喜温暖湿润；忌干旱

2971

金盏银盘（鬼针草、铁筅、婆婆针）

Bidens biternata

菊科　鬼针草属

一年生草本

产我国各地，全草入药兼观赏
喜光；喜温暖至高温，不耐寒；耐旱

2972

云南大百合
（荞麦叶贝母、荞麦叶大百合、野百合、大百合）

Cardiocrinum giganteum var. *yunnanense*
(*C. g.* var. *racemosa*, *C. cathayanum*)

百合科　大百合属

球根花卉

产我国云南西北部，鳞茎入药，植株供观赏
喜光，亦耐阴；喜冷凉，生育适温18～26℃；稍耐旱

2973

紫金标

Ceratostigma willmottianum

蓝雪科　角柱花属

半灌木

产我国西南各省，全株入药兼观赏

喜光；喜温暖湿润，生育适温18～26℃；较耐旱

2974

全缘金粟兰（四块瓦）

Chloranthus holostegius (*Ch. japonicus*)

金粟兰科　金粟兰属

多年生草本

分布我国吉林、辽宁、河北、湖北等地，根入药，植株兼观赏

喜光，亦耐半阴；喜冷凉湿润；不耐旱

2975 薏苡（苡仁、川谷、菩提子、草珠子、莜玉米、回回米）

禾本科 薏苡属

Coix lachryma-jobi

多年生草本

原产东亚，广布温带地区，子实为薏米可入药，植株兼观赏
喜光；喜温暖湿润，不耐寒；耐旱

2976 大叶仙茅（野棕、独茅、地棕）

仙茅科 仙茅属

Curculigo capitulata(C. recurvata, Molineria c.)

多年生草本

原产中国、越南至印度，根茎入药，植株供观赏
喜半阴，亦耐阴；喜温暖至高温，生育适温
20～30℃，越冬10℃以上；耐旱；忌水涝

2977 绒叶仙茅（密多罗）

Curculigo crassifolia（*Molineria c.*）

仙茅科 仙茅属

多年生草本

原产中国、越南至印度，根茎入药，植株供观赏
喜半阴，亦耐阴；喜温暖至高温，生育适温
20～30℃，越冬10℃以上；耐旱

2978 粉苞郁金（粉苞姜黄）

Curcuma aromatica（*C. inodora*）

姜科 姜黄属

球根花卉

我国分布于东南和西南，地下茎为中药“姜黄”的原料，植株供观赏
喜光，亦耐半阴；喜温暖至高温，生育适温22～30℃

2979 郁金（姜黄）

Curcuma longa (*C. domestica*)

姜科 姜黄属

球根花卉

原产亚洲热带，地下茎为中药“姜黄”的原料，植株供观赏
喜光，亦耐阴；喜高温多湿，生育适温22～30℃，喜酸性土壤

2980 浅粉郁金

Curcuma'Siam Ruby'

姜科 姜黄属

球根花卉

原种产亚洲热带，地下茎为中药“姜黄”的原料，植株供观赏
喜半阴；喜温暖至高温湿润，生育适温22～30℃

2981 倒提壶（狗屎花、中国勿忘草）

Cynoglossum amabile

紫草科　倒提壶属

常绿多年生草本

产我国西南和甘肃，全草入药兼观赏

喜光；喜冷凉至温暖；耐干旱瘠薄

2982 红花（菊红花）

Carthamus tinctorius

菊科　红花属

一年生草本

原产埃及，我国分布西北、四川等地。花序、花果入药，兼观赏

喜光；喜冷凉至温暖；喜干燥

2983 **大蓟**

Cirsium japonicum (*C. ccrberus*)

菊科 蓟属

多年生草本

产中国、日本，嫩叶可食，全株入药，供 观赏

喜光；喜温暖，生育适温15～25℃；耐旱

2984 **青洋参**（奶浆草、大耳白薇）

Cynanchum otophyllum

萝摩科 鹅绒藤属

多年生草质藤本

分布于我国湖南、广西、贵州、云南、西藏，全株入药，供观赏

喜光；喜温暖湿润，耐寒，耐旱

2985

紫花曼陀罗（重瓣曼陀罗）

Datura metel 'Fastuosa' (*D. florepleno*)

茄科　曼陀罗属

多年生草本呈亚灌木状

原种产亚洲热带，现广布世界温带、热带地区，花入药，植株供观赏

喜光；喜温暖至高温，生育适温22～30℃；耐干旱瘠薄

2986

曼陀罗（狗核桃、醉心花、风茄儿）

Datura stramonium (*D. inermis, D. tatula*)

茄科　曼陀罗属

一年生粗壮草本

广布世界温带至热带地区，我国各地有分布，叶、花、种子入药，植株兼观赏

喜光；喜温暖；耐干旱瘠薄

2987 刀叶石斛

Dendrobium terminale

兰科 石斛属

附生兰

产我国南方，云南南部，茎入药，叶、花观赏

喜半阴；喜暖热湿润，生育适温18～28℃

2988 毛地黄（自由钟、洋地黄、指顶花、德国金钟、紫花毛地黄）

Digitalis purpurea

玄参科 毛地黄属

宿根花卉

原产欧洲，世界广泛栽培，著名的强心、利尿药源，供观赏

喜光，耐半阴；喜冷凉，生育适温5～20℃，越冬0℃以上；忌干旱

2989 白花毛地黄

Digitalis purpurea f. *albiflora*

玄参科 | 毛地黄属

宿根花卉

原种产欧洲，药用同毛地黄
喜光，耐半阴；喜冷凉，生育适温5～20℃，越冬0℃以上；忌干旱

2990 黄独（黄药子）

Dioscorea bulbifera

薯蓣科 | 薯蓣属

球根植物

产中国，广布，根茎入药，植株供观赏
喜光；喜温暖，耐寒；耐旱，忌水湿

2991 羊角天麻（九子不离母）

Dobinea delavayi

九子母科　九子母属

亚灌木状

产我国云南中部、西北部，根状茎入药，植株供观赏

喜光，亦耐阴；喜冷凉至温暖

2992 宽叶蓝刺头（蓝刺头、驴欺口）

Echinops latifolius

菊科　蓝刺头属

多年生草本

产我国北部，欧洲也有，根和花序入药，兼观赏

喜光，耐阴；喜冷凉至温暖湿润，生育适温16～26℃；耐旱

2993 黄苞大戟（刮金板）

Euphorbia chrysochosma

大戟科　大戟属　多浆肉质植物

产我国西南，昆明广布，全株入药兼观赏
喜光；喜温暖湿润，耐旱

2994 续随子（千金子）

Euphorbia lathyris

大戟科　大戟属　一、二年生草本

原产欧洲种子、茎、叶入药，植株观赏
喜光；喜温暖；耐旱

2995 大狼毒（大戟）

Euphorbia nematocypha (*E. jolkinii*, *E. regina*)

大戟科　大戟属

多浆植物

产我国云南西北和东北部，根入药，植株供观赏
喜光；喜冷凉至温暖湿润

2996 猫眼草（大戟、龙虎草）

Euphorbia pekinensis

大戟科　大戟属

一、二年生草本

除新疆、西藏外，遍布中国，根入药，全株供兽药用，兼观赏
喜光，耐阴；对环境适应性强

2997 水杨梅（柔毛路边青、路边青）

Geum japonicum var. *chinense* (*G. aleppicum*)

蔷薇科　路边青属

多年生草本

原产日本；北美、北欧有分布，中国广布，
根入药，嫩叶可食，植株兼观赏
喜光，亦耐阴；喜温暖湿润

2998 云南甘草（甜草）

Glycyrrhiza yunnanensis

蝶形花科　甘草属

多年生草本

产我国云南，根、根茎入药，植株兼观赏
喜光；喜温凉；耐旱

2999

土三七（三七草、菊三七、草三七）

Gynura japonica (*G. segetum*)

菊科 三七草属

多年生草本

产东亚至中国，根和全草入药
喜光；喜温暖湿润；耐干旱瘠薄

3000

草果药

Hedychium spicatum

姜科 姜花属

多年生草本

产我国云南，根茎、果实入药，株观赏
喜光亦耐阴；喜温暖至高温，不耐寒

3001

蕺菜（鱼腥草）

Houttuynia cordata (*Polypara cor., P. cochinchinensis*)

三白草科　蕺菜属

多年生草本

产东亚，我国长江流域及以南常见，全草入药兼观赏
喜光，亦耐阴；喜水旁湿地

3002

天仙子（莨菪、牙痛子）

Hyoscyamus niger

茄科　天仙子属

一、二年生草本

产我国华北、西北及西南，蒙古、俄罗斯、欧洲、
印度亦有，叶为制莨菪碱的原料，植株供观赏
喜光；喜冷凉至温暖；耐旱

3003 **红花两头毛**（毛子草、角蒿） 紫葳科 角蒿属

Incarvillea arguta 多年生草本

产我国云南，贵州、四川、西藏亦有分布，全草入药兼观赏

喜光；喜冷凉至温暖；喜湿润

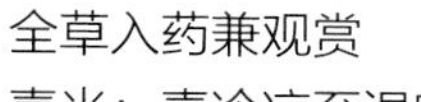

3004 **菘蓝**（板蓝根、大青、欧洲菘蓝） 十字花科 菘蓝属

Isatis tinctoria 一年生草本

中国广布，根、叶入药，亦可作蓝色染料

喜光；喜温暖至冷凉，耐寒；耐旱

3005 **刺芋** *Lasia spinosa*

天南星科 刺芋属

多年生草本

原产印度和我国南部，根、皮、种子入药，
嫩叶可食，植株供观赏
喜半阴且耐阴；喜湿

3006 **益母草**（茺蔚） *Leonurus japonicus* (*L. heterophyllus, L. artemisa*)

唇形科 益母草属

多年生草本

原产亚洲、非洲和美洲，全草入药
喜光，耐半阴；喜温暖湿润

3007 狭萼鬼吹箫（狭萼风吹箫）

Leycesteria formosa var. *stenosepala*

忍冬科　鬼吹箫属　落叶半灌木

原产我国云南、贵州、四川，全株入药兼观赏
喜光，耐半阴；喜温暖湿润，不耐寒

3008 鹿蹄橐吾（川滇紫菀）

Ligularia hodgsonii

菊科　橐吾属　多年生草本

分布于我国云南、贵州、四川、湖北、安徽，根、叶入药
喜光，亦耐阴；喜冷凉湿润，耐寒

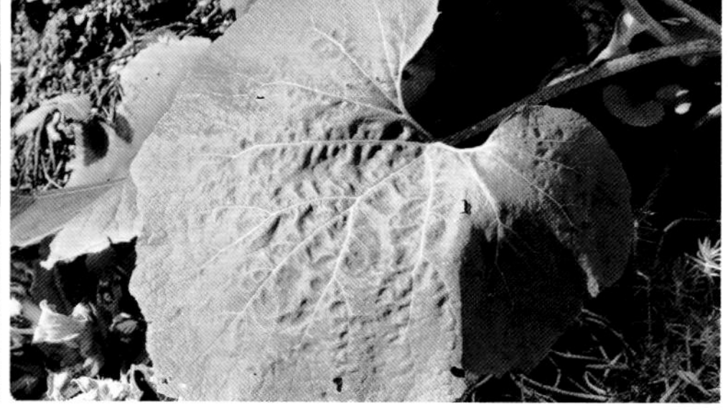

3009 **土紫菀** 菊科 橐吾属

Ligularia hodgsonii var. *sulctuanensis* 宿根草本

产我国西藏喜马拉雅地区、云南西北等地，根入药
喜光，亦耐阴；喜冷凉湿润，耐寒

3010 **川芎**（川䓖） 伞形科 藁本属

Ligusticum chuanxiong (L.wallichii) 多年生草本

产我国四川、江西、湖北、云南，全株入药，植株供观赏
喜光，亦耐半阴；喜温暖湿润

3011 长茎羊耳蒜

Liparis longipes (*L. viridiflora*)

兰科　羊耳蒜属

地生兰或附生兰

产我国南部、西南部，假鳞茎入药
喜半阴；喜温暖湿润

3012 过路黄（聚花过路黄、金锁匙、对座草）[金钱草]

Lysimachia christinae (*L. ch.* var. *pubescens*, *L. congestiflora*)

报春花科　珍珠菜属

多年生草本

中国广布，全草入药兼观赏
喜光，亦耐半阴；喜温暖湿润，生育适温18～25℃

3013	假酸浆（鞭打绣球、冰粉）	茄科	假酸浆属
	Nicandra physaloides	一年生草本	

原产南美洲(秘鲁)，全草入药兼观赏
喜光；喜温暖湿润，生育适温20～28℃；耐干旱瘠薄

3014	高丽参	五加科	人参属
	Panax ginseng 'Meyer'	多年生草本	

韩国特产，根为名贵药材，植株兼观赏
喜阴凉；喜温暖，四季明显

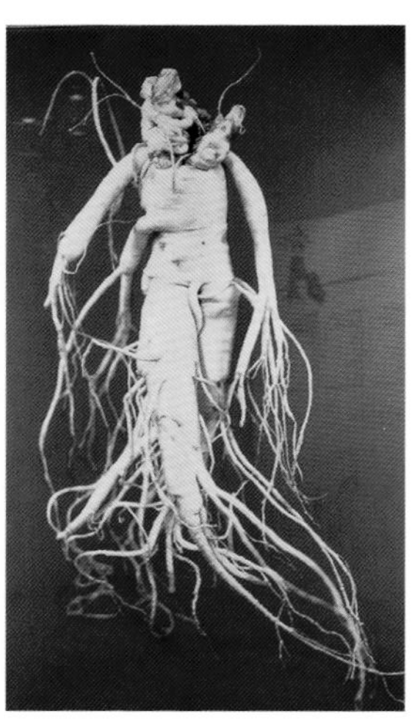

3015

三七（田七、田三七、参三七）

Panax pseudo-ginseng (*P. notoginseng*, *Aralia quinquefolia* var. *n.*)

五加科 人参属

多年生草本

产我国云南东南部、广西西部，全株入药，著名药材
喜阴；喜温暖；忌积水

3016

卵叶重楼

Paris delavayi var. *petiolata*

延龄草科 重楼属

球根植物

产我国云南，根状茎入药，植株供观赏
喜光，亦耐阴；喜温暖湿润，不耐寒

3017 禄劝花叶重楼（花叶重楼）

Paris luquanensis

延龄草科 | 重楼属 | 球根植物

产我国云南，根状茎入药，植株供观赏
喜光，亦耐半阴；喜温暖湿润；忌干旱

3018 紫花前胡（前胡、土当归）

Peucedanum decursivum

伞形科 | 前胡属 | 多年生草本

产我国山东以南各省，根入药，植株兼观赏
喜光；喜温暖湿润

3019 白花前胡

Peucedanum praeruptorum

伞形科 前胡属

多年生草本

我国分布华东、华中、四川，根入药，植株兼观赏
喜光；喜温暖湿润

3020 欧洲前胡

Peucedanum sp.

伞形科 前胡属

多年生草本

产欧洲，根入药，植株供观赏
喜光；喜温暖湿润

3021

锦香草（熊巴掌、猫耳朵叶）

Phyllagathis cavaleriei

野牡丹科 | 锦香草属 | 亚灌木

我国湖南、广西、广东、贵州、云南有分布，全株入药，兼观赏

喜光，耐半阴；喜温暖湿润

3022

商陆（花商陆、土人参、白母鸡、长老、胭脂）

Phytolacca acinosa (*Ph. esculenta*)

商陆科 | 商陆属 | 多年生草本

中国广布，朝鲜、韩国、日本、印度有分布，全株入药，供观赏

喜半阴；喜温暖湿润；不耐瘠薄

3023 美国商陆

Phytolacca americana (*Ph. decandra*)

商陆科 商陆属

多年生草本

产美国、墨西哥，全株入药供观赏
喜半阴；喜温暖湿润；不耐瘠薄

3024 酸浆（挂金灯、锦灯笼、红姑娘、姑娘果、红笼草、天泡）

Physalis alkekengii var. *franchetii*

茄科 酸浆属

多年生草本

中国广布，朝鲜、韩国、日本有分布，
果可食，宿存花萼入药供观赏
喜光，耐半阴；喜冷凉湿润

3025 长叶车前

Plantago lanceolata

车前草科 车前草属

多年生草本

广布温带地区，全草入药，兼观赏
喜光，亦耐阴；喜温暖湿润

3026 大车前

Plantago major

车前草科 车前草属

多年生草本

原产中国，广布，全株入药，兼观赏
喜光，亦耐阴；喜温暖湿润

3027

白花桔梗

Platycodon grandiflorum f. *album*

桔梗科 | 桔梗属 | 宿根花卉

原产日本，中国广布，根入药，茎叶可食，植株供观赏
喜光，亦稍耐阴；喜冷凉至温暖，生育适温15～28℃

3028

滇黄精（节节高）

Polygonatum kingianum

百合科 | 黄精属 | 球根植物

产我国云南，块根入药，植物供观赏
喜半日照，耐阴；喜温暖，耐寒

3029	**玉竹**（山玉竹） *Polygonatum odoratum* （*P. o.* var. *pluriflorum, Disporopsis o.* var. *pl.*）	百合科	黄精属
		多年生草本	

原产我国东北及日本，全草入药，兼观赏
喜光，亦耐阴；喜冷凉，生长适温10～20℃

3030	**酱头** *Polygonum benticulatum*	蓼科	蓼属
		蔓性球根植物	

产我国云南，块根入药，植株供观赏
喜光，耐半阴；喜温暖湿润；忌积水

3031 头花蓼（草石椒）

蓼科　蓼属

Polygonum capitatum (*Persicaria capitata*)

多年生匍匐

原产亚洲，全草入药供观赏

喜光；喜温暖湿润，生育适温15～28℃；耐旱

3032 酸模叶蓼（马蓼）

蓼科　蓼属

Polygonum lapathifolium

一年生草本

产我国云南高海拔水边，全草入药，兼观赏

喜光；喜冷凉湿润

3033 草血竭（地黑蜂）

Polygonum paleaceum（*P. p.* var. *p.*）

蓼科 | 蓼属 | 球根植物

分布我国四川、云南、贵州等省，根状茎入药，植株供观赏
喜光；喜温暖湿润；不耐旱

3034 翻百叶（地管子）

Potentilla discolor（*P. fulgens*）

蔷薇科 | 委陵菜属 | 多年生草本

产我国云南、四川，根入药，植株供观赏
喜光，亦耐半阴；喜温暖湿润；不耐旱

3035

螳螂铁打

Pothos scandens

天南星科　石柑属

常绿藤本

分布我国南部至西南部，全株入药供观赏
喜光，亦耐阴；喜高温湿润

3036

马齿苋（马牙半枝莲）

Portulaca quadrifida

马齿苋科　马齿苋属

肉质草本

原产南美洲，全草入药供观赏
喜光，亦耐阴；喜温暖至高温；耐旱

3037 铜锤玉带草

Pratia nummularia (*Lobelia n.*)

山梗菜科 铜锤玉带草属

多年生匍匐草本

产我国长江流域以南各省，全草入药兼观赏
喜阴湿；忌干燥

3038 吉祥草（玉带草、松寿兰、观音草）

Reineckea carnea

百合科 吉祥草属

多年生常绿草本

原产我国南方各地及日本，全草入药供观赏
喜光，亦耐阴；喜温暖潮湿，越冬2℃以上

3039 大黄（南大黄、四川大黄、马蹄大黄、） 蓼科 大黄属

Rheum officinale 多年生粗壮草本

产我国云南西南至西北，著名的国药之一，根茎入药，全株供观赏

喜光；喜温暖湿润；忌积水

3040 白鹤灵芝（白鹤草、灵芝草） 爵床科 白鹤灵芝属

Rhinacanthus nasutus 常绿亚灌木状

原产印度、马来西亚，我国滇南有分布，全株入药兼观赏

喜光；喜高温，生育适温22～30℃；耐旱

3041

羽叶鬼灯檠

Rodgersia pinnata

虎耳草科 鬼灯檠属

多年生草本

产我国云南多地，根茎入药，植株供观赏

喜光；喜温暖湿润，生育适温15～26℃；较耐旱

3042

芸香（臭草）

Ruta graveolens

芸香科 芸香属

多年生草本

原产欧洲南部，我国常见栽培，全株入药兼观赏

喜光，亦耐阴；喜温暖湿润

3043 紫丹参

Salvia yunnanensis

唇形科 鼠尾草属

多年生草本

分布我国云南，根茎入药，植株供观赏

喜光；喜温暖湿润

3044 血满草

Sambucus adnata

忍冬科 接骨木属

多年生高大草本

产我国西南、西北各地，全草入药，供观赏

喜光，亦耐阴；喜温暖；耐旱

3045 接骨草

Sambucus chinensis

忍冬科 接骨木属

多年生高大草本

产我国各地，全草入药，供观赏

喜光，亦耐阴；喜温暖；耐旱

3046 地榆

Sanguisorba officinalis

蔷薇科 地榆属

多年生草本

分布欧洲、北美、朝鲜、韩国、日本；中国广布，根入药，植株供观赏

喜光；喜温暖湿润

3047 凹叶景天（马牙半支莲）

Sedum emarginatum

景天科 景天属

匍匐状肉质植物

原产中国，全草入药供观赏
喜半阴；喜温暖湿润，耐寒；耐旱

3048 千里光（千里及）

Senecio scandens

菊科 千里光属

多年生蔓性草本

产中国，广布，全草入药兼观赏
喜光，稍耐阴；喜温暖湿润；耐干旱瘠薄

3049 **水飞蓟**（水飞雉）

Silybum marianum (*Carduus m.*)

菊科 水飞蓟属

一、二年生草本

原产南欧、北非、中亚等地区，种子、根入药，植株供观赏

喜光，耐半阴；喜温暖湿润，不耐寒

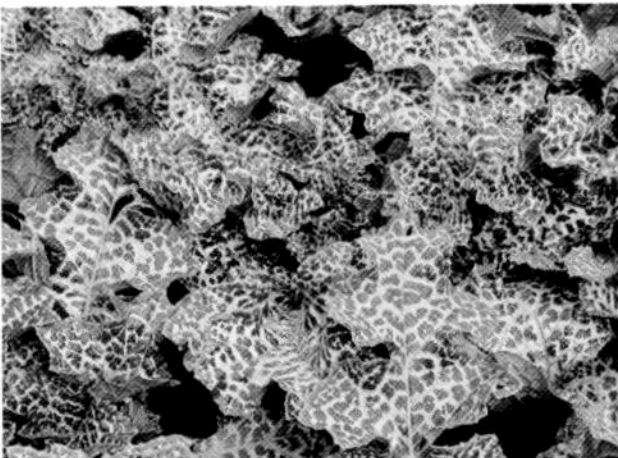

3050 **白英**（疏毛海桐叶白英、巴西土豆藤）

Solanum lyratum

茄科 茄属

常绿多年生藤本

产中国、日本、印度，全株入药兼观赏

喜光；喜温暖；耐旱

3051

白穗花

Speirantha gardenii

百合科 白穗花属

多年生草本

产我国江苏、浙江、安徽和江西，根入药，株观赏
喜光，亦耐阴；喜温暖湿润

3052

大百部（对叶百部、九重根、山百部根）

Stemona tuberosa

百部科 百部属

攀缘草本

产我国长江流域以南各省区，块根入药，株观赏
喜光，亦耐阴；喜温暖湿润

3053 山牛蒡

Synurus deltoides (*Archiam lappa*)

菊科 山牛蒡属

二年生大型草本

产我国东北部、中部和东部，种子称“牛蒡子”或“大力子”入药

喜光；喜温暖湿润；耐旱

3054 土人参（土洋参）

Talinum paniculatum (*T. patens*, *T. portulacifolium*)

马齿苋科 土人参属

多年生草本

原产中、南美洲和美国南部，我国中部、南部至台湾亦产，根、叶入药，植株供观赏

喜光，耐半阴；喜温暖湿润

3055 蒲公英（黄花地丁）

Taraxacum mongolicum

菊科 | 蒲公英属 | 多年生草本

产中国，广布，全草入药兼观赏
喜光；喜温暖湿润；耐干旱瘠薄

3056 云南唐松草（扁翅唐松草）

Thalictrum delavayi (*T. dipterocarpum*)

毛茛科 | 唐松草属 | 多年生草本

分布我国云南昆明、大理等地，全草入药兼观赏
喜光，亦耐阴；喜温暖湿润

3057 开口箭（心不甘）

Tupistra chinensis

百合科 开口箭属

多年生草本

产我国西南至中部，根茎入药，植株供观赏

喜阴湿；喜温暖；稍耐旱，不耐积水

3058 马鞭草

Verbena officinalis

马鞭草科 马鞭草属

多年生草本

广布全球温带至热带，全草入药兼观赏

喜光；喜温暖湿润

3059 紫花地丁

Viola philippica

堇菜科　堇菜属

多年生草本

产中国（除华南外）、朝鲜半岛、日本、俄罗斯远东地区，全草入药供观赏

喜光；喜温暖湿润，生育适温15～26℃；耐旱

3060 苍耳

Xanthium sibiricum

菊科　苍耳属

多年生草本

中国广布，全草入药兼观赏

喜光；喜温暖；耐干旱瘠薄

3061 五加（五加皮）

Acanthopanax gracilistylus

五加属	五加属
常绿灌木	

中国广布，根皮、茎皮入药，称“五加皮”，嫩叶可食用

喜光，稍耐阴；喜温暖；耐旱

3062 元宝枫（华北五角槭、平基槭）

Acer truncatum

槭树科	槭树属
落叶小乔木	

原产我国，分布于秦岭以北，叶、果提药，植物供观赏

喜光，稍耐阴；喜温暖，最适气温10～14℃，能耐42℃高温和-30℃低温；耐旱

3063 八角枫（华瓜木、鹅脚板）

Alangium chinense (*A. ch.* var. *ch. Marleach.*)

八角枫科　八角枫属

落叶小乔木

产我国秦岭及长江流域以南各省，全株入药供观赏
喜光，稍耐阴；喜温暖湿润；喜微酸性土壤

3064 鸡骨常山

Alstonia yunnanensis

夹竹桃科　鸡骨常山属

常绿灌木

产我国云南、贵州、广西等省区，全株入药兼观赏
喜光，稍耐阴；喜温暖；喜微酸性土壤

3065

楤木（鹊不踏）

Aralia chinensis

五加科　楤木属

落叶灌木或小乔木

原产中国，广布，树皮称“海桐皮”，可入药，植株供观赏

喜光，耐半阴；喜温暖湿润，生育适温15～25℃

3066

红凉伞（铁凉伞）

Ardisia bicolor

紫金牛科　紫金牛属

常绿灌木

分布我国华中、华南、西南，根及全株入药兼观赏

喜光；喜温暖湿润

3067 **绿花桃叶珊瑚**（桃叶珊瑚）

Aucuba chlorascens

山茱萸科　桃叶珊瑚属

常绿乔木

产我国西南至东南，果、叶入药，植株供观赏

喜半阴耐阴；喜温暖湿润；耐旱

3068 **三颗针**（大叶小檗、粉叶小檗）

Berberis pruinosa

小檗科　小檗属

常绿灌木

产我国西南，根入药，株观赏

喜光；喜温暖湿润；耐干旱瘠薄

3069 多叶勾儿茶

Berchemia polyphylla (*B. p.*var. *p.*)

鼠李科 勾儿茶属

落叶灌木

分布于我国西北、西南和广西，全株入药

喜光，亦耐阴；喜温暖湿润；耐旱

3070 密蒙花（羊耳朵、羊耳朵尖）

Buddleja officinalis

马钱科 醉鱼草属

半落叶灌木

产我国西南、西北、长江流域以南各地，根、叶、花入药，花亦可供食品染色，植株供观赏

喜光；喜温暖湿润；耐干旱瘠薄

3071 大花曼陀罗（木本曼陀罗）

Brugmansia arborea (*Datura a.*)

茄科 木曼陀罗属

常绿或半落叶灌木

原产南美洲，全株入药供观赏

喜光，耐半阴；喜温暖至高温，生育适温18～30℃

3072 南蛇簕（石莲子、南勒藤、喙荚云实）

Caesalpinia minax

苏木科 苏木属

常绿藤木

分布我国广东、广西、云南、贵州、四川，种子入药，植物供观赏

喜光；喜高温湿润，生育适温18～28℃

3073 苏木（苏方、苏枋）

Caesalpinia sappan

苏木科 苏木属

落叶小乔木

原产亚洲热带（印度、缅甸、越南、马来西亚），根、茎、果、心材均入药，亦是染料原料，植株供观赏

喜光；喜干热；喜微酸性至中性土壤

3074 喜树（旱莲、千丈树）

Camptotheca acuminata

蓝果树科 喜树属

落叶大乔木

我国特有，主产长江流域以南各省区，重要的药用植物，供观赏

喜光，稍耐阴；喜温暖，耐高温，生育适温15～28℃；耐水湿

3075 铁屎米

Canthium parvifolium

茜草科　鱼骨木属

常绿灌木

原产我国西南至东南部，果可食，幼枝、根入药，植物供观赏
喜光；喜高温湿润

3076 三尖杉

Cephalotaxus fortunei

三尖杉科　三尖杉属

常绿乔木

产我国长江流域以南及西南，枝叶、种子可提取药用，植株供观赏
喜光，亦耐阴；喜温暖湿润，不耐寒

3077

肉桂（玉桂、牡桂、菌桂、筒桂）

Cinnamomum cassia

樟科　樟属

常绿乔木

产我国福建、广东、广西及云南等，树皮、幼枝、果实入药，植株供观赏
喜光，稍耐阴，喜暖热，生育适温22～30℃；喜湿润；喜酸性土

3078

假黄皮（过山香、山黄皮、臭皮树）

Clausena excavata

（*C. lunulata, C. tetramera, C. moningerae, Lawsonia falcata*）

芸香科　黄皮属

常绿灌木或小乔木

产我国南部及东南亚等地，全株入药兼观赏
喜光；喜温暖至暖热湿润

3079 滇常山

Clerodendrum yunnanense

马鞭草科 赪桐属

落叶灌木

产我国云南，叶、枝和根入药，株供观赏
喜光，亦耐半阴；喜温暖湿润

3080 秀丽火把花

Colquhounia elegans

唇形科 火把花属

灌木

产我国云南西北部，花枝入药兼观赏
喜光；喜温暖湿润；耐干旱瘠薄；喜微酸性土壤

3081

小花龙血树（柬埔寨龙血树、海南龙血树）

Dracaena cambodiana

龙舌兰科　龙血树属

常绿灌木状

原产柬埔寨，分布我国云南南部、海南，贵重药品“血竭”的原料，植株供观赏

喜光；喜温暖至高温；耐旱；喜石灰岩山地

3082

密花胡颓子

Elaeagnus conferta

胡颓子科　胡颓子属

落叶灌木或小乔木

产我国云南南部，广西有分布，根、果入药，植株供观赏

喜光；喜温暖湿润至高温；耐旱

3083 扇形狗牙花

Tabernaemontana flabelliformis (*Ervartamia f.*)

夹竹桃科　狗牙花属

常绿灌木

分布我国云南南部，花入药，植株供观赏

喜光，耐半阴；喜温暖至高温，生育适温20～28℃

3084 杜仲（恩仲、恩仙、丝棉皮、玉丝皮）

Eucommia ulmoides

杜仲科　杜仲属

落叶乔木

中国特有，树皮为名贵中药材，植株供观赏

喜光，不耐阴；喜温暖湿润，能耐-20℃的低温；稍耐盐碱性

3085 吴茱萸（石虎、吴萸、茱萸）

Evodia rutaecarpa (*Ev. rugosa*, *Euodia r.* 'Boymiar'.)

芸香科 吴茱萸属

落叶灌木或小乔木

产我国云南，分布于长江流域及以南各地，幼果入药，植株供观赏

喜光，稍耐阴；喜温暖湿润

3086 大花卫矛（金丝杜仲）

Euonymus grandiflorus

卫矛科 卫矛属

半常绿小乔木或灌木

我国分布西南、华中、西北，树皮入药，可代杜仲，植株供观赏

喜光，稍耐阴；喜温暖湿润，耐寒；耐干旱瘠薄；喜微酸性土壤

3087 西域青荚叶（叶上珠、叶上花、西藏青荚叶）

Helwingia himalaica (*H. h.* var. *h.*)

山茱萸科　青荚叶属

落叶小灌木

产我国西南，花序梗为天然抗艾滋病药源之一，植株供观赏

喜光，耐半阴；喜冷凉至温暖湿润；喜微酸性土壤

3088 长叶枸骨

Ilex georgei

冬青科　冬青属

常绿小乔木

我国分布北部及中南部，叶、果入药，可供观赏

喜光；喜温暖湿润；耐旱

3089

刺叶构骨

Ilex lanceolata

冬青科　冬青属

常绿灌木或乔木

产中国，叶、果入药，供观赏

喜光；喜温暖湿润；耐旱

3090

大叶火筒树

Leea macrophylla

葡萄科　火筒树属

常绿灌木至小乔木

原产泰国和我国云南勐腊、景洪，根、茎、叶入药，植株供观赏

喜光；喜高温湿润

3091 云南美登木（美登木）

Magtenus hookeri

卫矛科 美登木属

常绿灌木

产我国云南南部，全株入药，制抗癌药物，兼观赏
喜光，亦耐阴；喜温暖至高温；不耐旱

3092 凹叶厚朴（浙朴）

Magnolia officinalis ssp. *biloba*

木兰科 木兰属

落叶乔木

产中国，树皮入药，植株观赏
喜光；喜温凉湿润；喜酸性土壤

3093 地菍（地稔、铺地锦、地红花）

Melastoma dodecandrum (*M. repens*, *Osbeckia r.*, *Asterostoma r.*)

野牡丹科 | 野牡丹属 | 常绿小灌木

我国产华中、华南和西南，全株入药，供观赏
喜光，亦耐阴；喜温暖湿润

3094 海巴戟（橘叶巴戟）

Morinda citrifolia

茜草科 | 巴戟天属 | 常绿乔木

原产印度、印度尼西亚、马来西亚，根入药，植株供观赏
喜光；喜高温湿润

3095 木蝴蝶（千张纸、玉蝴蝶、破布子）

Oroxylum indicum

紫葳科　千张纸属

落叶乔木

产我国云南南部、华南各省，种子、树皮入药，花、幼果为傣族传统野菜，植株可观赏

喜光；喜温暖至高温；喜湿润

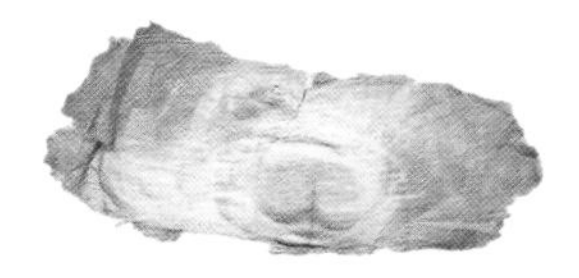

3096 蚂蚁花

Osbeckia nepalensis

野牡丹科　金锦香属

常绿灌木

产我国云南，根入药，植株供观赏

喜光，亦耐阴；喜温暖湿润，亦耐旱；喜酸性土壤

3097 尖子木

Oxyspora paniculata

野牡丹科　尖子木属

常绿灌木

产我国云南南部、西南部，全株入药，供观赏

喜光，亦耐阴；喜温暖湿润；耐旱；喜酸性土壤

3098 余甘子（滇橄榄、油甘子、牛甘果、橄榄、魇摩勒）

Phyllanthus emblica (*Emblica pectinatus*)

大戟科　余甘子属

落叶灌木或小乔木

主产我国云南干热河谷地区，果药用

喜光；喜高温，不耐寒；耐干旱瘠薄

3099 短萼海桐（昆明海桐）

Pittosporum brevicalyx (*P. pauciflorum* var. *b.*)

海桐花科　海桐花属

常绿乔木

产我国西南，皮、叶、果入药，植株观赏

喜光；喜温暖湿润；喜微酸性土壤

3100 虎仗

Polygonum cuspidatum (*Reynoutria japonica*)

蓼科　蓼属

灌木状

产日本，中国广布，全株入药

喜光，耐半阴；喜温暖湿润，耐干旱瘠薄

3101 枸橘（枳壳、枳、臭橘）

芸香科 | 枳属

Poncirus trifoliata (*Citrus t.*)

落叶灌木或小乔木

原产我国中部、南部及西南，叶、果入药，植株观赏

喜光；喜温暖，能耐-20～-28℃低温；喜微酸性土壤，不耐碱

3102 萝芙木（苏门答腊萝芙木）

夹竹桃科 | 萝芙木属

Rauvolfia sumatrana

常绿乔木

原产印度尼西亚、马来西亚，抗癌药源，叶入药，植株观赏

喜光；喜高温湿润，不耐寒

3103 云南萝芙木

Rauvolfia yunnanensis

夹竹桃科 萝芙木属

常绿灌木

我国分布云南、贵州、广西等地，根、叶入药，为“降压灵”药源，植株观赏

喜光，耐半阴；喜高温湿润，生育适温22～28℃

3104 接骨木（公道老、接骨母、续骨木）

Sambucus williamsii

忍冬科 接骨木属

落叶灌木至小乔木

产我国，南北广布，朝鲜半岛、日本、俄罗斯亦有分布，全株入药，供观赏

喜光，稍耐阴；耐寒；耐旱

3105 清香桂（野扇花）

Sarcococca ruscifolia (*S. r.* var. *chinensis*, *S. paucifera*)

黄杨科　清香桂属　常绿灌木

产我国华中及西南，根、果入药，亦为香花植物

喜半阴；不耐寒；喜湿润，不耐旱

3106 锥序水冬哥（牛鼻涕果）

Saurauia nepalensis (*S. n.* var. *n.*)

水冬哥科　水冬哥属　常绿乔木

产我国云南，广西有分布，根、果入药，植株观赏

喜光；喜温暖至高温；喜湿润，忌干燥

3107

刺天茄

Solanum indicum (*S. i.* var. *recurvatum*, *S. violaceum*)

茄科 茄属

常绿灌木

产我国西南，全株入药，亦供观赏

喜光；喜温暖湿润，生育适温16～30℃；耐干旱瘠薄

3108

槟榔青（人面子）

Spondias cytherea (*S. pinnata*)

漆树科 槟榔青属

常绿乔木

原产印度尼西亚、马来西亚，茎、皮药用，果可食，
植株观赏

喜光；喜高温湿润

3109

催味马钱

Strychnos nux-vomica

马钱科 马钱属

常绿乔木

分布亚洲热带，种子入药，株观赏

喜光；喜暖热高湿

摄于吴哥

3110

欧洲红豆杉

Taxus baccata

红豆杉科 红豆杉属

常绿灌木

产欧洲，重要的药用观赏植物

喜光；喜温暖湿润

摄于凡尔赛宫

摄于凡尔赛宫

3111 **通脱木**（通草）

Tetrapanax papyriferus (Aralis papyrifera)

五加科 通脱木属

常绿无刺灌木

产我国云南西北、东南，茎髓入药，株观赏
喜光，亦耐阴；喜温暖至高温，越冬在5℃以上

3112 **烂泥树**（叨里木、有齿鞘柄木）

Toricellia angulata var. *intermedia*

鞘柄木科 鞘柄木属

落叶小乔木

产印度北部、我国西南部，全株入药兼观赏
喜光，亦耐半阴；喜温暖，不耐寒

3113 刺通草

Trevesia palmata (*T. p.* var. *p.*, *Gastonia p.*)

五加科 刺通草属

常绿乔木

原产东南亚，我国分布云南南部，根、叶、髓心入药，株观赏

耐阴；喜温暖湿润，不耐寒

3114 昆明山海棠

Tripterygium hypoglaucum

卫矛科 雷公藤属

攀缘状灌木

原产中国，广布，根入药，植株供观赏

喜光；喜温暖湿润

3115 斑鸠菊（菊花树）

Vernonia esculenta

菊科 斑鸠菊属

落叶灌木

产我国西南各地，叶入药，植株供观赏
喜光；喜温暖湿润，不耐寒；不耐旱

3116 珍珠荚蒾（臭荚蒾）

Viburnum foetidum var. *ceanothoides*

忍冬科 荚蒾属

落叶灌木

原产我国西南，根、树皮、叶、果入药兼观赏
喜光；喜温暖湿润；耐旱，耐水湿

3117 **黄荆**（黄荆条、五指枫） 马鞭草科 牡荆属

Vitex negundo (*V. n.* var. *n.*, *V. n.* f. *laxipaniculata*, *V. n.* f. *intermedia*) 落叶灌木

原产非洲东南部、亚洲东部及东南部，我国南北均有，枝、叶、种子入药，亦为优良蜜源观赏植物
喜光；喜高温，生育适温22～30℃，耐旱、耐瘠薄

3118 **牡荆** 马鞭草科 牡荆属

Vitex negundo var. *cannabifolia* (*V. heterophylla*) 落叶灌木

原种产非洲东南部、亚洲东部及东南部，我国南北均有，
枝、叶、种子入药，亦为优良蜜源观赏植物
喜光；喜高温，生育适温22～30℃；耐干旱瘠薄

3119 马桑（水马桑）

Coriaria sinica (*C. nepalensis*)

马桑科　马桑属

落叶灌木

产中国，全株有毒，可制农药，亦可观赏
喜阳光充足；喜温暖；耐水湿亦耐旱

3120 算盘子（金骨风、野南瓜）

Glochidion puberum

大戟科　算盘子属

灌木

广布我国中部、南部，全株制农药，亦可观赏
喜光，亦耐阴；耐干旱瘠薄

3121

小果博落回

Macleaya microcarpa

罂粟科 博落回属

多年生草本

产我国淮河以南和西北部，全株制农药，亦可观赏

喜光；喜温暖湿润

3122

石岩枫

Mallotus repandus (*Croton r.*)

大戟科 野桐属

攀缘灌木或小乔木

产东南亚、澳大利亚及我国南部、西南部，全株有毒，可制农药，亦可观赏

喜光；喜温暖至高温；喜石灰岩土壤；耐旱

3123 苦楝（楝树）

Melia azedarach

楝科　楝属

落叶乔木

原产中国、印度、缅甸，果实制农药，植株观赏
喜光，不耐阴；喜高温，生育适温22～30℃；喜微酸性土壤

3124 川楝

Melia toosendan

楝科　楝属

落叶乔木

产我国湖北及西南各省，果实制农药，植株观赏
喜光，不耐阴；喜高温，生育适温22～30℃；喜微酸性土壤

3125 箭毒树（见血封喉）

Antiaris toxicaria

桑科 箭毒木属

常绿乔木

产我国云南南部、广东、广西、海南等地，世界著名的
剧毒植物（树液剧毒）
喜光；喜温暖至高温；耐旱

3126 树火麻

Dendrocnide urentissima (*Laportea u.*)

荨麻科 艾麻属

乔木

分布温带至亚热带，我国产西南和中南，皮有剧毒
喜光；喜高温湿润

3127 金钩吻

（卡罗莱茉莉、北美钩吻、南卡罗纳茉莉、法国香水、常绿钩吻菜）

Geisemium sempervirens (*Carolina jasmine*)

马钱科　钩吻藤属

常绿木质藤本

原产美国东南部、墨西哥和危地马拉

喜光，耐半阴，喜温暖湿润；生育适温18～26℃，全株有毒，花极香，供观赏

3128 马醉木（梫木）

Pieris japonica

杜鹃花科　马醉木属

常绿灌木

产中国、日本，叶有毒，故名马醉木，可供观赏

喜半阴；喜冷凉至温暖，生育适温15～25℃

3129

羊踯躅（闹羊花、黄杜鹃）

Rhododendron molle

杜鹃花科　杜鹃花属

落叶灌木

产我国长江流域及以南各省，全株有剧毒，亦供观赏

喜光，耐半阴；耐热；耐干旱瘠薄；喜酸性黏土

3130

黄花夹竹桃（酒杯花、啤酒花、黄夹竹桃）

Thevetia peruviana (*T. neriifolia*)

夹竹桃科　黄花夹竹桃属

常绿小灌木

原产中美洲，全株有大毒，亦供观赏

喜光；喜高温多湿，生育适温22～30℃，越冬12℃以上；极耐旱

3131 橙花夹竹桃（粉黄夹竹桃、红酒杯花）

Thevetia peruviana var. *aurantiaca*（*T. thevetioides*）

夹竹桃科　黄花夹竹桃属

常绿灌木至小乔木

原产中美洲，全株有大毒，亦供观赏

喜光；喜高温湿润，生育适温22～30℃，越冬12℃以上；极耐旱

3132 大王黛粉叶（大王万年青、厚肋万年青）

Dieffenbachia amoena（*D.* 'A.'）

天南星科　花叶万年青属

观叶植物

原产美洲热带，植液有毒，能致哑，亦供观赏

喜半阴且耐阴；喜高温高湿，生育适温18～25℃，越冬15℃以上

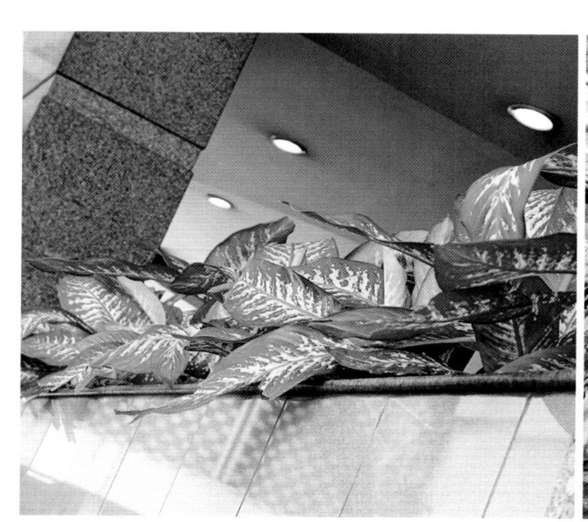

3133 白玉黛粉叶（暑白黛粉叶）

Dieffenbachia amoena 'Camilla' (*D.* 'C.')

天南星科 花叶万年青属

观叶植物

原种产美洲热带，汁液有毒，能致哑，亦供观赏

喜半阴且耐阴；喜高温高湿，生育适温18～25℃，越冬15℃以上

3134 香青（粘毛香青）

Anaphalis bulleyana

菊科 香青属

多年生草本

分布我国西南各省，水土保持植物，亦可观赏

喜光，亦耐半阴；喜温暖湿润；耐干旱瘠薄

3135 多花杭子梢（小雀花）

Campylotropis polyantha (*C. p.* var. *p.*)

蝶形花科 杭子梢属

落叶灌木

分布我国云南、四川，优良的水土保持植物，亦可观赏
喜光略耐阴；喜温暖；耐旱

3136 三棱枝杭子梢（马尿藤）

Campylotropis trigonoclada

蝶形花科 杭子梢属

落叶小灌木

分布我国西南，优良的水土保持植物 ，亦可观赏
喜光，略耐阴；喜温暖；耐旱

3137 含羞草叶黄檀（象鼻藤）

Dalbergia mimosoides

蝶形花科　黄檀属

常绿蔓状灌木

产我国西南、华中、华东，水土保持植物，亦可观赏

喜半日照，耐阴；喜温暖；耐干旱瘠薄

3138 波叶山蚂蝗

Desmodium sequax (*D. sinuatum*)

蝶形花科　山蚂蝗属

常绿小灌木

我国分布西南、中南各地，水土保持植物，全草入药，亦可观赏

喜光；喜温暖；耐干旱瘠薄

3139 窄叶坡柳（车桑子、羊不吃）

Dodonaea angustifolia (*D. viscosa*)

无患子科　坡柳属

常绿灌木

广布我国干热地区，干热地区理想的水土保持植物，云南飞播树种之一

喜光；喜高温，生育适温20～30℃；极耐干旱瘠薄

3140 松毛火绒草

Leontopodiurm andersonii

菊科　火绒草属

多年生草本

产云南、贵州，缅甸、老挝亦有，水土保持植物，亦可观赏

喜光；喜温暖；耐干旱瘠薄

3141 紫叶狼尾草（紫叶狐尾草）

禾本科 | 狼尾草属 | 多年生草本

Pennisetum alopecuroides 'Purpureum'
(*P. compressum*, *P.* 'Purpureum')

中国广布，水土保持植物，亦可观赏
喜光，亦耐半阴；喜温暖湿润；耐湿，耐干旱瘠薄

3142 长穗高山栎

壳斗科 | 栎属 | 常绿灌木或乔木

Quercus longispica

产我国云南西北部，优良的水土保持植物，亦可观赏
喜光；喜冷凉；耐干旱瘠薄

3143 **戟叶酸模** 蓼科 酸模属

Rumex hastatus 多年生草本

产我国云南西北，水土保持植物，亦可观赏
喜光；耐干旱瘠薄

3144 **狗尾草**（狼尾草） 禾本科 狗尾草属

Setaria viridis (*Pennisetum alopecuroides*) 多年生草本

世界广布，水土保持植物，亦可观赏
喜光；喜温暖湿润，耐干旱瘠薄

3145

藨草

Scirpus triqueter

莎草科 藨草属

多年生草本

中国广布，水土保持植物，亦可观赏

喜光；喜温暖湿润；耐旱

3146

西藏狼牙刺（沙生槐）

Sophora moocroftiana

蝶形花科 槐属

丛生带刺灌木

原产我国西藏，云南西北有分布，

优良的水土保持植物，亦可观赏

喜光；喜冷凉，耐寒；耐干旱瘠薄

摄于拉萨

3147 旱冬瓜（蒙自桤木、尼泊尔桤木）

Alnus nepalensis

桦木科 赤杨属

落叶乔木

产我国云南各地，以及四川，贵州等省；越南、印度也有，优良的改良土壤植物

喜光；喜温暖湿润；耐水湿，耐干旱瘠薄

3148 银合欢（白合欢、白相思子）

Leucaena leucocephala（*L. glauca*）

含羞草科 银合欢属

落叶大灌木或小乔木

原产美洲热带，优良的土壤改良观赏植物

喜光；喜高温湿润，生育适温23～30℃，越冬8℃以上；极耐旱

3149 刺槐（洋槐、德国槐）

Robinia pseudoacacia

蝶形花科 | 刺槐属 | 落叶乔木

原产北美，优良的土壤改良观赏植物

喜光，不耐阴；耐寒；耐干旱瘠薄

3150 沙蓬（沙米）

Agriophyllum squarrosum

藜科 | 沙蓬属 | 一年生草本

分布中亚及西亚，我国产东北、华北和西北的沙漠地区，优良的固沙和饲料植物

喜光；耐干旱瘠薄

摄于新疆

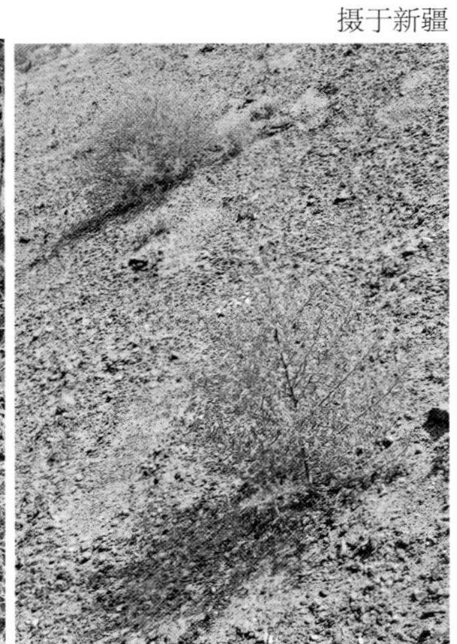

3151

疏叶骆驼刺

Alhagi sparsifolia

蝶形花科　骆驼刺属

一年生具刺草本

分布我国新疆盐化低地、草甸和沙地，良好的固沙植物

喜光；喜干旱

摄于新疆

3152

刺山柑

Capparis spinosa

白花菜科　槌果藤属

攀缘状亚灌木

广布热带和温带地区，优良的固沙植物

喜光；喜温暖湿润

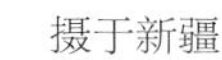

摄于新疆

3153 白梭梭

Haloxylon persicum

藜科　梭梭属

落叶灌木

我国分布西北，蒙古，俄罗斯亦有，优良的固沙植物

喜光；耐高温干旱

摄于新疆

3154 银白杨

Populus alba

杨柳科　杨属

落叶乔木

产我国新疆、中亚及东欧，优良的防风观赏树

喜光，不耐阴；抗寒性强（可耐－40℃低温）；耐旱

3155 **新疆杨** 杨柳科 杨属

Populus bolleana (*P. alba* var. *b.*) 落叶乔木

原产我国新疆，优良的防风观赏树
喜光；耐寒，耐旱；耐盐渍

3156 **欧洲黑杨** 杨柳科 杨属

Populus nigra 落叶乔木

原产欧洲，优良的防风观赏树
喜光；喜温暖；耐旱，耐水湿

3157 藏川杨

Populus szechuanica var. *tibetica*

杨柳科　杨属

落叶乔木

原产我国西藏、四川、云南，优良的防风观赏树

喜光；喜冷凉；耐旱，耐水湿

摄于西藏

3158 毛白杨（大叶杨）

Populus tomentosa

杨柳科　杨属

落叶大乔木

我国特产，黄河流域广布，优良的防风观赏树

喜光；喜冷凉；耐旱

3159 银木荷（毛毛树）

Schima argentea

山茶科 木荷属

常绿乔木

产我国云南，优良的防火观赏树

喜光；喜温暖，生长适温15～25℃；喜湿润，亦耐旱

3160 腾冲木荷

Schima forrestii

山茶科 木荷属

常绿乔木

产我国西南，优良的防火观赏树

喜光；喜温暖，生长适温15～25℃；喜湿润；喜微酸性土壤

3161 滇木荷（华木荷）

Schima sinensis (*S. noronhae*)

山茶科　木荷属

常绿乔木

产我国云南，优良的防火观赏树

喜光；喜温暖，耐高温；喜湿润

3162 红木荷（西南木荷、峨嵋木荷）

Schima wallichii

山茶科　木荷属

常绿乔木

我国云南广布，贵州、广西有分布，优良的防火观赏树

喜光；喜温暖至高温；喜湿润

3163 马蹄荷（合掌木、白克木）

Symingtonia populnea (*Exbucklandia p.*)

金缕梅科　马蹄荷属

常绿乔木

产我国云南、贵州、西藏、广西等地，优良的防火观赏树
喜光；喜温暖湿润，耐寒性差

3164 紫背香茶菜（吸毒草）

Plectranthus 'Mona Lavender'

唇形科　香茶菜属

宿根花卉

原产南非，能吸收甲醛等有毒气体，净化大气，亦可观赏
喜半阴；喜高温湿润

3165 白蜡叶枫杨

Pterocarya fraxinifolia

胡桃科 | 枫杨属 | 落叶乔木

原产伊朗，优良的固堤护坡观赏树
喜光；喜温暖至高温；喜湿润

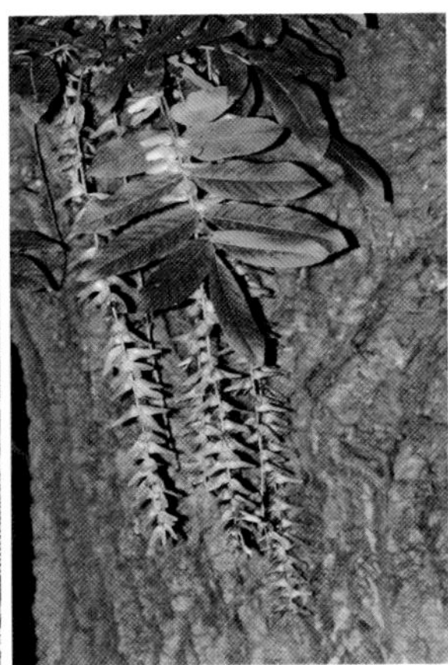

3166 枫杨（花树、秤柳、水沟树、元宝杨树）

Pterocarya stenoptera

胡桃科 | 枫杨属 | 落叶乔木

中国广布，优良的固堤护坡观赏树
喜光，稍耐阴；喜冷凉至温暖湿润；耐水湿

3167 木麻黄（牛尾松）

Casuarina equisetifolia

木麻黄科 木麻黄属

常绿大乔木

原产大洋洲、印度，耐盐碱，为主要的海岸防风观赏树

喜光；喜温暖至高温，生育适温20～30℃；耐旱；耐盐，抗风

3168 尤氏木麻黄

Casuarina junghuhniana

木麻黄科 木麻黄属

常绿乔木

产爪哇、所罗门群岛，耐盐碱，为重要的海岸防风观赏树

喜光；喜高温；耐盐碱，抗风

3169 千头木麻黄

Casuarina nana

木麻黄科 木麻黄属

常绿小乔木

原产大洋洲，耐盐碱的观赏树

喜光；喜温暖至高温，生育适温20～30℃；极耐旱

摄于台湾

3170 红柳（多枝柽柳）

Tamarix ramosissima（*T. pentandra*）

柽柳科 柽柳属

落叶灌木或小乔木

产我国北部，耐盐碱性极强，亦为沙漠地区地下水位的指示植物

喜光；耐酷热及严寒（可耐47.6℃高温，－40℃低温），生育适温15～26℃；耐旱；耐盐碱

3171 **柽柳**（观音柳、三春柳、西湖柳、红柳、红荆条、山川柳） 柽柳科 柽柳属

Tamarix chinensis (*T. juniperina*) 落叶灌木或小乔木

原产我国，耐盐碱性极强，亦为沙漠地区地下水位的指示植物

喜光；喜温暖至高温，生育适温15～26℃；耐旱，又耐水湿；耐盐碱性强

摄于新疆

3172 紫茎泽兰

菊科　泽兰属

Eupatorium coelesticum
(*E.adenophorum*, *Ageratina adenophora*)

多年生粗壮草本

入侵害草，我国西南广布
喜光；喜温暖；耐干旱瘠薄；适应性极强

3173 泽兰（飞机草）

菊科　泽兰属

Eupatorium odoratum

多年生粗壮草本

原产南美，我国南方、滇南广布，入侵草害
喜光；喜温暖至高温；耐干旱瘠薄；适应性极强

5

奇异观赏植物

这里收集了11类65种奇异景观植物照片。

3174 眼镜蛇草（钩叶瓶子草）

Darlingtonia californica

瓶子草科　眼镜蛇草属

多年生常绿草本

原产美国加利福尼亚州，有趣的食虫植物，供观赏
喜光，耐半阴；喜温暖至高温

3175 捕蝇草（捕虫草）

Dionaea muscipula

茅膏菜科　捕蝇草属

多年生常绿草本

原产美国东部的沼泽地，有趣的食虫植物，供观赏
喜半阴；喜冷凉湿润，生育适温15～28℃

3176 **好望角茅膏菜**（好望角毛毡苔、凯普茅蒿菜）

Drosera capensis

茅膏菜科　茅膏菜属

多年生匍匐状草本

原产南非好望角，有趣的食虫植物，供观赏

喜光；喜温暖至高温；喜湿润亦耐旱

3177 **野生猪笼草**（猪笼草）

Nepenthes gracilis

猪笼草科　猪笼草属

多年生常绿草本

原产印度尼西亚、马来西亚、新加坡，有趣的食虫植物，供观赏

喜光，耐半阴；喜高温多湿

摄于印度尼西亚名丹岛

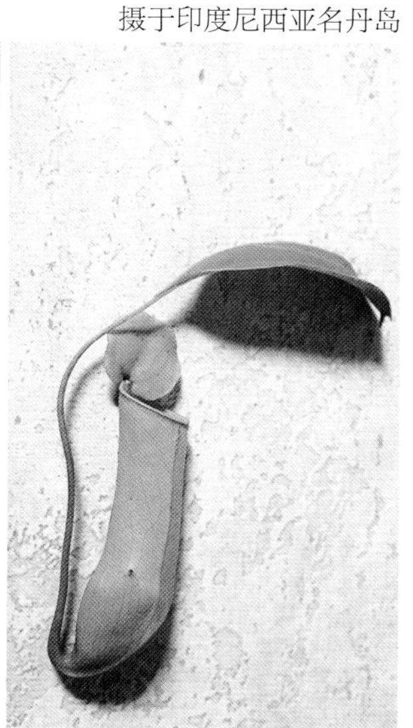

3178

杂交猪笼草（猪笼草）

Nepenthes mirabilis (*N. hybrida*)

猪笼草科　猪笼草属

附生性宿根花卉

杂交种，多彩的食虫植物，供观赏

喜半阴；喜高温多湿，生育适温22～30℃；不耐旱

摄于新加坡

3179 捕虫堇

Pinguiula weser

狸藻科　捕虫堇属

常绿肉质植物

分布于我国云南、四川、西藏，以及印度、锡金、俄罗斯，一种新奇的食虫植物，供观赏
喜半阴；喜温暖至高温，喜湿润

摄于香港

3180 长叶瓶子草

Sarracenia leucophylla

瓶子草科　肖瓶子草属

多年生常绿草本

原产北美洲，可爱的食虫植物，供观赏
喜光，耐半阴；喜冷凉，生育适温12～25℃

摄于新加坡

3181 鹦鹉瓶子草(鹦鹉嘴瓶子草)

Sarracenia psittacina

瓶子草科 肖瓶子草属

多年生常绿草本

原产美国，多彩的食虫植物，供观赏
喜光，耐半阴；喜冷凉湿润

摄于新加坡

3182 瓶子草(紫瓶子草)

Sarracenia purpurea

瓶子草科 肖瓶子草属

多年生常绿草本

原产加拿大东海岸附近至美国佛罗里达州北部，秀丽的食虫植物，供观赏
喜光；喜温暖湿润，生育适温18～28℃，越冬5℃以上；不耐旱

3183

矮瓶子草

Sarracenia purpurea 'Heterophylla' (*S. hybrida* 'P.')

瓶子草科　肖瓶子草属

多年生常绿草本

原产加拿大东海岸附近至美国佛罗里达州北部，可爱的食虫植物，供观赏
喜光；喜温暖湿润，生育适温18～28℃，越冬5℃以上；不耐旱

3184

生石花

Lithops spp.

番杏科　生石花属

肉质植物

原产南非、西非干旱地区，会开花的“石头”，供观赏
喜光，亦耐半阴；喜高温干燥

3185 昙花（琼花、月下美人）

仙人掌科 昙花属

Epiphyllum oxypetalum

常绿肉质半灌木状

原产墨西哥至巴西及加勒比海沿岸地区热带雨林中，晚上10～11点开花

冬季全光，夏季半阴；喜温暖至高温，生长适温24～30℃，

越冬10℃左右；耐旱；喜微酸性砂质土壤

3186 月见草（山芝麻、夜来香）

柳叶菜科 月见草属

Oenothera glazioviana (*O. biensis*)

一、二年生花卉

原产北美，产我国南部热带、亚热带沼泽地，广布，花夜开昼合

喜光，耐阴；喜温暖湿润，生育适温18～26℃；耐寒；耐旱

3187

时钟花

Turnera hybrida

时钟花科　时钟花属

宿根花卉

原产美洲热带，花日出后开放，至午前凋谢，供观赏
喜光；喜暖热湿润，不耐寒，生育适温22～32℃；耐旱

3188

黄时钟花

Turnera ulmifolia

时钟花科　时钟花属

宿根花卉

原产墨西哥，花日出后开放，至午前凋谢，供观赏
喜光；喜暖热湿润，不耐寒，生育适温22～32℃；耐旱

3189 白时钟花（时钟花）

Turnera subulata (*T. trioniflora*)

时钟花科 时钟花属

宿根花卉

原产巴西，花日出后开放，至午前凋谢，供观赏
喜光；喜高温湿润

3190 含羞树

Mimosa pigra

含羞草科 含羞草属

常绿灌木

原产美洲热带，叶会闭合，“怕羞”，供观赏
喜光；喜高温；耐旱

3191 含羞草（感应草、怕丑草、知羞草、喝呼草）

Mimosa pudica

含羞草科　含羞草属

常绿亚灌木状

原产美洲热带，叶会闭合，“怕羞”，供观赏

喜光；喜高温，生育适温18～30℃，越冬10℃以上；耐旱

3192 千日红（火球花、百日红）

Gomphrena globosa

苋科　千日红属

一年生花卉

原产印度及南美热带，优良的自然干花材料，供观赏

喜光；喜高温，生育适温15～30℃，越冬10℃以上；耐旱

3193

千日白

Gomphrena globosa 'Alba' (*G. g.* f. *a.*)

苋科　千日红属

一年生花卉

原种产印度及南美热带，优良的自然干花材料，供观赏
喜光；喜高温，生育适温15～30℃，越冬10℃以上；耐旱

3194

美洲千日红

Gomphrena haageana (*G. globosa* 'Rubra')

苋科　千日红属

一年生花卉

原种产印度及南美热带，优良的自然干花材料，供观赏
喜光；喜高温，生育适温15～30℃，越冬10℃以上；耐旱

3195 麦秆菊（蜡菊、稻草花、贝细工）

Helichrysum bracteatum

菊科 蜡菊属

宿根花卉

原产澳大利亚，优良的自然干花材料，供观赏

喜光；喜温暖湿润，生育适温15～25℃；较耐旱

3196 丝石竹（霞草）［满天星］

Gypsophila elegans（*Dianthus longicalyx*）

石竹科 丝石竹属

一、二年生花卉

原产高加索至西伯利亚一带，理想的自然干花材料，供观赏

喜光；耐寒，忌酷热多雨；耐干旱瘠薄；耐盐碱

3197

勿忘我（不凋花、深波叶补血草、补血草）

蓝雪科　补血草属

Limonium sinuatum (*Statice s.*)

宿根花卉

原产地中海沿岸，优美的干花材料，供观赏

喜光；喜冷凉或温暖，生育适温15～22℃；耐干旱瘠薄

3198

舞草（跳舞草、多情草、钟萼豆）

蝶形花科　山蚂蝗属

Desmodium motorium (*Codariocalyx motorius, C. gyrans*)

常绿小灌木

原产我国福建、台湾等地，有动感，会“跳舞”的植物，极为奇特，供互动

喜光，耐半阴；喜高温，生育适温20～28℃；耐旱

3199 神秘果

Synsepalum dulcificum

山榄科　神秘果属

常绿灌木

原产非洲热带，可改变人舌上的味蕾，极具情趣，供互动、观赏

喜光；喜温暖至高温；生育适温22～30℃；稍耐旱

3200 海红豆（孔雀豆、相思豆、红豆）

Adenanthera pavonina (*A. p.* var. *microsperma*)

含羞草科　海红豆属

常绿乔木或落叶小乔木

原产中国及亚洲热带，种子甚美，可制饰品，供观赏

喜光；喜高温湿润，亦耐旱，生育适温22～30℃

3201 吊金钱（一串心、爱心蔓）

Ceropegia woodii

萝藦科 吊灯花属

肉质蔓性花卉

原产南非、津巴布韦，优良的倒挂装饰植物

耐阴；喜温暖湿润，特别是空气湿度较高，生育适温18～25℃，越冬10℃以上

3202 毛果杜英

Elaeocarpus rugosus

杜英科 杜英属

常绿乔木

产我国云南南部、海南，以及东南亚，核果可制装饰物

喜光，耐阴；喜温暖至暖热；喜湿润

3203～3205

鼠爪花种群

Anigozanthos spp.

袋鼠爪科 鼠爪花属

宿根花卉

原产澳大利亚西南部，花形似鼠爪

喜光；喜高温，忌高温多湿；耐旱

红鼠爪花（红袋鼠花）A.flavidus

黄鼠爪花（黄袋鼠花）A.viridis

矮鼠爪花（矮袋鼠花、猫袋鼠花）A. humilis

3206

爱元果（眼树莲、青蛙堡、玉荷包）[巴西之吻]

Dischidia pectinoides

萝摩科 瓜子金属

常绿藤本

原产菲律宾，变态叶似蚌或元宝，膨大中空

喜半阴；喜温暖至高温，生育适温18～28℃，越冬15℃以上

3207

风船唐棉（钉头果、气球花、天鹅蛋）

Gomphocarpus fruticosus (*G. physocarpus*, *Asclepias f.*, *A. ph.*)

萝藦科　顶头果属

落叶灌木

原产非洲热带，地中海地区，果实奇特有趣

喜光；喜高温多湿，生育适温20～30℃；耐旱

3208

蛇发凤梨（蛇发铁兰）

Tillandsia caput-medusae

凤梨科　铁兰属

附生植物

原产墨西哥和中美洲，形似古希腊神话中蛇发女怪的头

喜光，耐半阴；喜高温高湿

3209

松萝凤梨（苔花凤梨、松萝铁兰）[老人须]

Tillandsia usneoides

凤梨科 铁兰属

气生植物

原产美国、中美洲、南美洲和西印度群岛，新颖别致的气生装饰植物
喜高温多湿而荫蔽，生育适温20～28℃

3210

蓝花铁兰（紫花铁兰、紫花凤梨）

Tillandsia cyanea

凤梨科 铁兰属

常绿宿根附生花卉

原产厄瓜多尔、危地马拉、秘鲁，鲜艳雅致的附生装饰植物
喜半日照，亦耐阴；喜高温多湿，生育适温15～32℃，越冬10℃以上

3211

莺歌凤梨（龙骨凤梨、虾爪凤梨、虾爪）

Vriesea carinata

凤梨科 丽穗凤梨属

宿根附生花卉

原产巴西，花序艳丽的附生装饰植物

喜光，耐半阴；喜暖热湿润，生育适温20～28℃；不耐寒

3212

中国菟丝子（菟丝子、无叶藤、无根藤）

Cuscuta chinensis (*Cassytha filiformis*)

菟丝子科 菟丝子属

一年生寄生草本

我国分布南北各省，全草入药的寄生植物

喜光，亦耐半阴；喜温暖湿润；寄生于木本植物上

3213

桑寄生

Loranthus parasiticus

桑寄生科　桑寄生属

常绿寄生小灌木

分布于我国南部、西南，茎、叶入药的寄生植物

喜光；喜高温湿润

3214

红花寄生（柏寄生、桑寄生）

Scurrula parasitica

桑寄生科 梨果寄生属

灌木状寄生植物

寄生于许多树木上，3～4年才会开花的寄生植物

喜光；喜温暖

3215

花叶爵床（花叶驳骨丹、斑叶尖尾凤）

Justicia gendarussa 'Variegata'

(*Gendarussa valgaris* 'Variegata', *G. v.* 'Silvery Stripe')

爵床科 爵床属

常绿亚灌木

原产印度至缅甸，病态美，供观赏

喜光；喜高温湿润

3216～3224

变叶木品种群

Codiaeum variegatum Group

大戟科　变叶木属

常绿灌木

原产东南亚、太平洋诸岛和澳大利亚，叶形、叶色多变，颇具观赏趣味

喜光；喜高温高湿，生育适温22～35℃，越冬10℃以上

变叶木（洒金榕、流星变叶木）*C. v.*（*C. v.* 'Van Oosterzeei', *C. v.* var. *pictum* 'Majesticum'）

长叶变叶木 *C. v.* 'Ambiguum' (*C. v.* f. *a.*)

复叶变叶木（母子变叶木）*C. v.* 'Appendiculalum' (*C. v.* f. *a.*)

扭叶变叶木（皱叶变叶木）*C. v.* 'Crispum' (*C. v.* f. *c.*)

琴叶变叶木 *C. v.*'Eureka' (*C. v.* f. *e, C. v.* var. *pictum* 'L. M. Rutherford')

砂子剑变叶木 *C. v.* 'Katonii' (*C. v.* f. *k.*)

细叶变叶木*C. v.*'Taeniosum' (*C. v.* f. *t.*)

华丽变叶木（美丽变叶木、宽叶变叶木）*C. v.* 'Platyphyllum' (*C. v.* f. *p.*, *C. v.* var. *pictum* 'Magnificent')

赤剑变叶木*Codiaeum variegatum* var. *pictum* 'Disriaile'

3225 **高榕**（大叶榕、大青树） 桑科 榕属

Ficus altissima (*F. laccifera*) 常绿高大乔木

产东南亚各国，我国产云南、广西、广东，多气根、支柱根，构成独木成林景观

喜光；喜温暖至高温；耐旱；抗风

3226 孟加拉榕

Ficus benghalensis (*F. banyana*)

桑科 榕属

常绿乔木

产印度，壮观的独木成林景观

喜光；喜高温湿润

3227 十字架树（蜡烛树、叉叶木、十字叶、叉叶树）

Crescentia alata

紫葳科 炮弹果属

常绿灌木

产墨西哥至哥斯达黎加，我国广东、福建、香港、云南等地作奇异树种

喜光；喜温暖至高温，生育适温20～28℃；喜湿润

3228 木瓜榕（大果榕）

Ficus auriculata (*F. macrocarpa, F. roxburghii*)

桑科 榕属 常绿灌木或小乔木

原产我国云南南部、广东、广西、贵州，果径3～5cm，味甜可食
喜光；喜高温至高温；耐旱

3229 苹果榕

Ficus oligodon (*F. hainanensis*)

桑科 榕属 常绿乔木

产亚洲热带、亚热带，果可食
喜光；喜温暖至高温；耐旱

3230 杂色榕

Ficus variegata (*F. polysyce*)

桑科 榕属

常绿乔木

产我国南部，以及印度、印度尼西亚和马来西亚，果五彩斑斓，极美观
喜光；喜高温湿润

3231 木奶果

Baccaurea ramiflora

大戟科 木奶果属

常绿灌木或乔木

多分布于我国云南、广西、广东等省区，果可食用，为热带水果，亦可观赏
喜光；喜高温湿润

3232 火烧花（火烧树、缅木）

Mayodendron igneum (*Spathodea i.*)

紫葳科 火烧花属

常绿乔木

产我国云南南部、西南部，花可食，为傣族传统野菜，亦供观赏

喜光；喜高温；不耐寒；喜湿润

3233 法来木（嘉宝果、树葡萄）

Phaleria clerodendron

瑞香科 法来木属

常绿乔木

原产澳大利亚热带，果具重要保健价值，亦供观赏

喜光；喜高温；耐旱

3234 绞杀榕

Ficus spp.

桑科　榕属

常绿木质藤本

产热带、亚热带，攀缘、绞杀，热带雨林现象之一

喜光；喜温暖至高温湿润

绿色杀手——鳄鱼上树

3235 黑板树（橡皮木）

Alstonia angustiloba

夹竹桃科　鸡骨常山属

常绿大乔木

原产马来半岛、苏门答腊，木型板根，热带雨林现象之一

喜光；喜高温湿润

3236 银叶树

Heritiera littoralis

梧桐科 银叶树属

常绿高大乔木

原产中国及太平洋诸岛，高大的板根树种

喜光；喜高温湿润，生育适温22～30℃

3237 四数木

Tetrameles nudiflora

四数木科 四数木属

落叶大乔木

产我国云南南部，奇特的大板根引人注目，因萼片与花柱均为4，故名

喜光亦耐阴；喜高温高湿；喜石灰岩土

摄于吴哥

附录一　植物世界之最

1. **最高的树：杏仁桉** *Eucalyprus amygdalina*　桃金娘科，桉树属，常绿高大乔木，原产澳大利亚，株高可达156m，树干笔直，向上明显变细，枝叶密集顶端。
2. **最矮的树：北方柳树（草柳）** *Salix* sp.　只有2cm高，它是由分类学家林奈划入树木一类的。
3. **体积最大的树：巨杉** *Sequoidendron giganteum*　杉科，巨杉属，常绿高大乔木，原产美国加利福尼亚州，尚保存最大的古树高102m，粗12m，干高84m，树干周长37m，树干材积1400m^3，20个成年人才能合抱一圈，干基部有一个大空洞，可通过卡车，树龄约3000年。
4. **最小的陆生植物：水苔花(水石衣)** *Hydrobryum griffithii*　川苔草科，水石衣属，苔藓状水生植物，产于云南南部及西南部热带、亚热带河谷和山涧溪流岩石上，是一种酷似水苔类而极微小的有花植物，它用体长不超过4mm的扁平的叶状体固定在岩石上。
5. **树冠最大的树：孟加拉榕** *Ficus bengalensis*　桑科，榕属，常绿大乔木，印度国立植物园保存一株独木成林的古树，树冠周径420m，覆盖面积达1.4hm^2，有1825个支柱根，最高分枝24.5m，树龄240多年。
6. **最粗的树：猴面包树** *Adansonia digitata*　木棉科，猴面包树属,常绿乔木，在非洲的热带草原上，有一种相貌奇特的矮胖子树“猴面包树”，又名波巴布树。它的枝杈千奇百怪，酷似树根，好像“根系”长在脑袋上的“倒栽树”。果肉汁多味甜，是猴、猩猩十分喜爱的美味佳肴，猴面包树的名称便由此而来。猴面包树又矮又胖，10多米高的树，“腰围”30多个成年人才能合抱一圈，活像一个硕大的啤酒桶。“桶”内往往是空的，可以容纳五六十个人或一群牛羊，非洲人当房屋居住，野兽作避雨洞穴。
7. **最古老的蕨类植物：桫椤（树蕨）** *Cyathea spinulosa*　桫椤科，桫椤属，常绿树状蕨类，现云南南部、东南部仍保存着这种十分珍贵的孑遗植物，3.6亿年以前曾是恐龙家族的主要食物，树干富含淀粉，树姿优美。
8. **最古老的松树：刺球果松** *Eucalyprus amygdalina*　松科，松属，美国加利福尼亚州的一棵名叫麦修彻拉的刺球果松，树龄高达6400岁，这是迄今为止世界上最古老的松树。
9. **最长寿的木本植物：龙血树** *Dracaena* sp.　龙舌兰科，龙血树属，常绿木本，其树龄可达8000多年，称为“植物寿星”。非洲西部加那利群岛上的一棵龙血树，五百多年前，西班牙人测定它大约有八千至一万岁。这是世界树木中的老寿星，可惜在1868年的一次风灾中毁掉了，龙血树一旦遇到创伤就会流出血一样的树脂进行自我保护，这种树脂就是被李时珍称为“活血圣药”的血竭。

10. **最长寿的草本植物:千岁兰** *Welwitscha bainesii* 裸子植物中唯一的草本植物。仅生长在非洲西南部沿海纳米比亚及安哥拉的沙漠中，最古老的植株已超过2000年，茎短而粗，一生仅有2片宽30cm、长达3m的革质叶，雌雄异株，是著名的温室植物。

11. **最古老的茶树：镇源古茶** *Camellia crassicoluma* 山茶科，山茶属，常绿乔木，保存在云南镇源县九甲乡千家寨（海拔2450m）的古茶树，树高25.6m，胸径0.89m，树龄2700年。2000年4月11日，被上海吉尼斯纪录总部认定为世界上最古老的茶树。

12. **最大的杜鹃：大树杜鹃** *Rhododendron giganteum* 杜鹃花科，杜鹃花属，常绿高大乔木，国家Ⅰ级保护树种，生长在云南腾冲县界头乡的大树杜鹃古树，树龄640多年，树高27m，基径达3.07m，可谓杜鹃花的巨人，被誉为“杜鹃之王”。

13. **最高海拔地带的奇花：绿绒蒿** *Meconopsis* spp. 罂粟科，绿绒蒿属，多年生花卉，生长于云南西北部海拔3500～5000m的雪山灌丛、草间或流石滩，花大，色美，雄蕊多数，甚为美丽，全草药用。

14. **中国第一桉，百年桉树群：蓝桉** *Eucalyptus globulus* 桃金娘科，桉树属，常绿乔木，原产澳大利亚，生长于昆明海埂公园的一群蓝桉，树龄80年，树高30m，最大直径1.88m，1980年被国际桉树研究会确认为“中国第一桉”，被列入云南省的古树名录。

15. **生长最快的树：团花树** *Anthocephalus chinensis* 茜草科，团花树属，常绿大乔木，七年生树高可达22m，材积4m^3，第七届世界林业会议称为“奇迹树”，优良速生材用树种，西双版纳规模种植。

16. **最珍贵的树：华盖木** *Manglietiastrum sinicum* 木兰科，华盖木属，常绿乔木，国家Ⅰ级保护树种，该树起源于1.4亿年前，目前仅在云南西畴县法斗林区保存稀少的古树，树高40m，胸径1.3m，木材绿色，光泽似丝绢，被称为“缎子绿豆树”，其珍贵和美丽程度真可谓“中华之冠，盖世之宝”。

17. **木材最轻的树：轻木（巴沙木）** *Ochroma lagopus*（*O. pyramidale*） 木棉科，轻木属，常绿乔木，原产美洲热带和西印度群岛，木材密度0.1，是同体积水重的1/10，气干木材比重为0.147，生长极快，年轮宽度达2cm以上，是世界上最轻的商用木材，用于航空、航海及其他特种工艺的宝贵材料。

18. **木材最重的树：紫油木（清香木）** *Pistacia weinmannifolia* 漆树科，黄连木属，常绿乔木，产地中海地区、亚洲、美洲，气干木材相对密度1.190，1m^3的木材比1m^3的水重190kg，称为重木，材质优良，可用于雕刻、乐器，叶可提芳香油，枝药用。

19. **云南木材最重的树：铁力木** *Mesua ferrea* 山竹子科（滕黄科），铁力木属，常绿乔

附
录
一

木，云南西双版纳的铁力木，气干木材相对密度1.122，其主干高达30m，木质坚硬，是一种佛教植物，供雕刻佛像等用。

20. **木材最硬的树（中国北方）：铁桦树（坚桦）***Betula chinensis* 桦木科，桦木属，落叶乔木，产中国北方，木材甚为坚硬，子弹打在树上，就像打在厚钢板上一样，纹丝不动。用此木材作杵，捣臼中，不致磨损，又称“杵榆”。

21. **木材最硬的树（中国南方）：蚬木** *Burretiodendron hsienmu* 椴树科，柄翅果属，常绿大乔木，产中国南方，树高40m，木材耐磨坚硬，被称为“钝刀木”、“钢筋木”，为优良的材用树，多作菜板。

22. **最毒的树：箭毒木（见血封喉）***Antiaris toxicaria* 桑科，箭毒木属，常绿高大乔木，产于云南南部热带雨林，株高达30m，基径2m，基部具周长达8m的板根，树干流出的白色乳汁有剧毒，供涂箭头猎兽，猎物见血必死，又叫“见血封喉”。当地人称“七上八下，九必死”，指猎物被射中后，往上跑七步，往下跑八步，到了第九步则必死无疑。

23. **茎最长的藤本植物：省藤** *Calamus yunnanensis* 棕榈科，省藤属，常绿藤木，产于云南南部、西南部热带森林，茎粗1~8cm，长达300m以上，最长的可达400m，供编织藤箧家具。

24. **叶片最长的陆生木本植物：竹椰子** 棕榈科，竹椰子属，乔木状植物，原产南美亚马逊河流域，叶片最长可达24.7m。

25. **叶片最大的陆生草本植物：大叶蚁塔（根乃拉草）***Gunnera manicata* 小二仙科，蚁塔属，落叶大型草本植物，原产巴西，叶大型，宽120～180cm。

26. **叶片最大的喜湿植物：大根海芋（水芋）***Alocasia macrorrhiza* 天南星科，海芋属，球根花卉，原产马来西亚，最大的叶片长3.02m，宽1.91m，叶面积3.18m^2，十分壮观。

27. **叶片最大的水生植物：亚马逊王莲** *Victoria amazonica* 睡莲科，王莲属，浮水植物，原产南美亚马逊河，叶片簸箕状，直径达2m，叶面积3.14m^2，在水中能乘坐45斤的孩子。

28. **开花最多的南山茶：万朵茶** *Camellia reticulata*，山茶科，山茶属，常绿大灌木，保存于云南丽江玉峰寺的南山茶古树，树龄约300年，株高5.62m，主干直径40cm，冠幅8.35m×7.30m，是世界上树冠最大、开花最多的一株南山茶，以一年开花万朵而得名，被誉为“环球第一花”。

29. **最大的花：大花草（大王花）***Rafflesia arnoldii* 大花草科，大花草属，寄生草本植物，原产印度尼西亚苏门答腊热带雨林，没有茎，没有叶，一生只开一朵花，花十分巨大，直径约1m，重7.5～11kg，寄生于其他植物的根或枝上，花瓣5，大而厚，开花时发出臭味，引来食肉蝇传粉。

30. **最小的花：无根萍** *Wolffia arrhiza* 浮萍科，无根萍属，外形与一般的浮萍很相似，但是没有根。是一种很小的植物，长约1mm，宽不到1mm，比芝麻粒还小，花的直径约0.3mm，只有缝衣针的针尖那么大。

31. **最高大的花序、最臭的花：巨魔芋（泰坦魔芋）***Amorphophallus titanum* 天南星科，魔芋属，多年生球根植物，原产印度尼西亚苏门答腊热带雨林，株高50cm，花序直径1.3m，高2~3m，就像一个漂亮的大烛台，十分壮观，是世界著名的“极品”温室植物，其花色美丽，但气味极臭，如腐烂尸体的气味，堪为世界最臭的花。

32. **浆果最重的树：菠萝蜜** *Artocarpus heterophylla* 桑科，桂木属，常绿乔木，原产印度和马来西亚，著名的热带水果，果重可达50kg，为世界之冠。

33. **种子寿命最长的植物：古莲** *Nelumbo nucifera* 睡莲科，莲属，挺水花卉，世界上寿命最长的种子是古莲子，上千年的古莲子居然会发芽。1952年，我国科学工作者在辽宁省新金县西泡子洼里，挖掘出一些古莲子坚硬如铁，1953年，科学家把古莲子浸泡在水里达20个月之久，发不出芽来。后来他们在莲子的外壳钻上个小孔，然后再进行培养。结果经过两天，古莲子就抽出嫩绿的幼苗，发芽率高达96%。经细心照料，这些古莲在1955年夏季开出了漂亮的淡红色的莲花。古莲的叶子、花朵和其他性状，都和常见的莲花相似，只是花蕾稍长，花色稍深，后来还结出了果实。经中国科学院考古研究所测定，这些古莲子的寿命约在830～1250岁之间。

34. **种子最大的植物：双椰子（海椰子、爱情果）***Lodoicea maldivica* 棕榈科，双椰子属，常绿高大乔木，世界温室三大珍奇植物之一，塞舌尔国的国宝。原产非洲东部印度洋塞舌尔岛，树干通直，高达30m，果为两瓣形，需20到40年才能开花结果，果实需8年左右才成熟，种子长达50cm，最重达18.16kg，种子成熟落地需3到5年才发芽，嫩芽长成叶需3～4年，植株能活1000年，连续结果850年以上，雌雄异株，相依而生，故称爱情果。

35. **种子最小的植物：斑叶兰** *Goodyera sohlechtendaliana* 兰科，斑叶兰属，多年生草本，生长于热带雨林中、种子极小，1克约200万粒，只有在放大镜或显微镜下才看得清楚。

36. **种子最硬的植物: 象牙椰子** *Phytelepha* sp. 棕榈科，象牙棕属，常绿乔木状植物，原产中南美洲，种子极硬，为象牙质，供制纽扣和子弹。

37. **最高大的云南红豆杉** *Taxus yunnanensis* 红豆杉科，红豆杉属，常绿大乔木，生长于云南腾冲县的云南红豆杉古树，高40m，胸径2m。

38. **最高大的云南拟单性木兰** *Parakmeria yunnanensis* 木兰科，拟单性木兰属，常绿乔木，云南南部马关县山后保存的云南拟单性木兰，树龄约300年，树高34m，胸径1.57m，是高档家具用材、香料原料，亦是优良的绿化观赏树。

39. **最古老、粗大的翠柏** *Calocedrus macrolepis* 柏科，翠柏属，常绿大乔木，生长在云南龙陵县的翠柏古树，树高32m，胸径2.6m，树龄500多年。

40. **最古老的秃杉** *Taiwania flousiana* 杉科，台湾杉属，常绿乔木，生长在云南腾冲县大罗绮坪的秃杉古树，树高21m，胸径2.17m，树龄1200多年。

附录二 世界部分国家国树一览表

国　家	国　树
中国(待定)	银杏 *Ginkgo biloba* 松树 *Pinus* spp.
加拿大	糖槭 *Acer saccharinum*
塞尔维亚	猴面包树 *Adansonia digitata*
巴西	芸实 *Caesalpinia decapetala*
黎巴嫩	黎巴嫩雪松 *Cedrus libani*
秘鲁	金鸡纳树 *Cinchona succirubra*
泰国	肉桂 *Cinnamomum cassia*
西班牙	甜橙 *Citrus sinensis*
洪都拉斯、也门	咖啡 *Coffea congensis*
日本	日本柳杉 *Cryptomeria japonica*
马达加斯加	凤凰木 *Delonix regia*
澳大利亚	桉树 *Eucalyptus* spp.
不丹、斯里兰卡	菩提树 *Ficus religiosa*
韩国	木槿 *Hibiscus syriacus*
丹麦	枸骨叶冬青*Ilex aquifolium*
菲律宾	纳拉树 *Pterocarpus* sp.
阿富汗	黑桑 *Morus nigra*
突尼斯、以色列	油橄榄 *Olea europaea*
叙利亚、海地	海枣 *Phoenix dactylifera*
乌拉圭	商陆 *Phytolacca acinosa*
美国	橡树 *Quercus robur*
古巴	王棕 *Roystonea regia*
新西兰	四翅槐 *Sophora tetraptera*
多米尼加	桃花心木 *Swietenia mahagoni*
缅甸	柚木*Tectona grandis*
捷克	欧洲椴*Tilia europaea*

附录三 世界部分国家国花一览表

国家名		国 花
中国 （待定）		梅花 *Armeniaca mume* 牡丹 *Paeonia suffruticosa*
朝鲜		迎红杜鹃 *Rhododlendron mucronulatum* 木兰 *Magnolia* sp.
荷兰	(官方)	金盏花 *Calendula officinalis*
	(民间)	郁金香 *Tulipa gesneriana*
法国		香根鸢尾 *Iris pallida* 月季 *Rosa* cvs.
捷克	(大众)	香石竹 *Dianthus caryophyllus*
	(传统)	洋蔷薇 *Rosa centifolia*
意大利		雏菊 *Bellis perennis* 月季 *Rosa* cvs. 紫罗兰 *Matthiola incana* 三色堇 *Viola tricolor*
西班牙		香石竹 *Dianthus caryophyllus* 石榴 *Punica granatum*
瑞典		铃兰 *Convallaria majalis* 滨菊 *Leucanthemum vulgare* 白睡莲 *Nymphaea alba*
阿尔及利亚		阿尔及利亚鸢尾 *Oberonia* sp. 欧洲夹竹桃 *Nerium oleander*
阿联酋		孔雀草 *Tagetes patula* 百日草 *Zinnia elegans*
希腊		香堇 *Viola odorata* 油橄榄 *Olea europaea* 欧老鼠簕 *Acanthus mollis*
日本		黄菊花 *Dendranthema grandiflorum* 樱花 *Cerasus yedoensis*
墨西哥		大丽花 *Dahlia pinnata* 仙人掌 *Opuntia* spp.
秘鲁		向日葵 *Helianthus annus* 坎涂花 *Canthua buxifolia*
比利时		杜鹃 *Rhododendron* spp. 月季 *Rosa* cvs. 虞美人 *Papaver rhoeas*
巴拉圭		银叶塔败布雅 *Tabebuia argentea* 西番莲 *Passiflora coerulea*

续表

国家名	国　花
叙利亚	月季 *Rosa* cvs. 钟花郁金香 *Tulipa sylvestris*
伊朗	突厥蔷薇 *Rosa damascena* 钟花郁金香 *Tulipa sylvestris*
巴西	卡特兰 *Cattleya* spp. 王莲 *Victoria amazonica*
摩洛哥	月季 *Rosa* cvs. 香石竹 *Dianthus caryophyllus*
利比里亚	胡椒 *Piper nigrum* 木瓣树 *Xylopia vielana*
坦桑尼亚	月季 *Rosa* cvs. 丁香 *Syringa* spp.
澳大利亚	密花金合欢 *Acacia pycantha*
新西兰	桫椤 *Alsophila spinulosa*
以色列	银莲花 *Anemone cathayensisi*
加拿大	美洲糖槭 *Acer saccharum*
赞比亚	叶子花 *Bougainvillea spectabilis*
哥斯达黎加	卡特兰 *Cattleya* spp.
哥伦比亚	三向卡特兰 *Cattleya trianae*
马耳他	星矢车菊 *Centaure calcitrapa*
德国	矢车菊 *Centaurea cyanus*
拉脱维亚	牛眼菊 *Chrysanthemum leucanthemum* 滨菊 *Leucanthemum vulgare*
也门	咖啡 *Coffea congensis*
芬兰	铃兰 *Convallaria majalis*
圣马力诺	那不勒斯仙客来 *Cyclamen neapolytanum*
玻利维亚	坎涂花 *Canthua buxifolia*
洪都拉斯、摩洛哥、摩纳哥	香石竹 *Dianthus caryophyllus*
挪威	欧石楠 *Erica carnea*
丹麦	木春菊 *Erigeron frutescens*
阿根廷、乌拉圭	象牙红 *Erythrina corallodendron*
津巴布韦	嘉兰 *Gloriosa superba*
古巴、尼加拉瓜	姜花 *Hedychium coronarium*
俄罗斯	向日葵 *Helianthus annus*
斐济、苏丹、马来西亚	扶桑 *Hibiscus rosa-sinensis*
韩国	木槿 *Hibiscus syriacus*
缅甸	龙船花 *Ixora coccinea*
突尼斯	素馨花 *Jasminum grandiflorum*
巴基斯坦、锡金	素方花 *Jasminum officinale*
菲律宾、印度尼西亚	毛茉莉 *Jasminum multiflorum*

续表

国家名	国　花
智利	智利钟花 *Lapagenia rosea*
葡萄牙	薰衣草 *Lavandula angustifolia*
奥地利、瑞士	火绒草 *Leontopodium alpinum*
梵蒂冈	欧洲白百合 *Lilium candidum*
列支敦士登	橙花珠芽百合 *Lilium bulbiferum var. croceum*
厄瓜多尔	丽卡斯特兰 *Lycaste skinneri*
危地马拉	白丽卡斯特兰 *Lycaste virginalis var. alba*
不丹	大花绿绒蒿 *Meconopsis grandis*
越南、斯里兰卡、印度	荷花 *Nelumbo nucifera*
埃及	白睡莲 *Nymphaea alba*
柬埔寨、泰国、圭亚那、孟加拉	睡莲 *Nymphaea* spp.
巴拿马	鸽兰 *Peristeria* sp.
海地、加纳、沙特阿拉伯	海枣 *Phoenix dactylifera*
老挝	鸡蛋花 *Plumeria rubra*
南非	普洛提亚 *Protea repens*
塞尔维亚	洋李 *Prunus domestica*
利比亚	石榴 *Punica granatum*
阿扎尼亚	卜若地 *Protea* spp.
马达加斯加	旅人蕉 *Ravenala madagascariensis*
尼泊尔	杜鹃 *Rhododendron ariboreum*
英国、罗马尼亚	狗蔷薇 *Rosa canira*
伊拉克	洋蔷薇 *Rosa centifolia*
卢森堡、美国	月季 *Rosa* cvs.
保加利亚	突厥蔷薇 *Rosa damascena*
肯尼亚	蝴蝶兰 *Phalaenopsis* spp.
立陶宛	芸香 *Ruta graveolens*
加蓬	火焰树 *Spathodea campanulata*
多米尼加	桃花心木 *Swietenia mahogani*
几内亚	可可 *Theobroma cacao*
爱尔兰	白花车轴草 *Trifolium repens*
阿富汗、匈牙利	郁金香 *Tulipa gesneriana*
塞舌尔	凤尾兰 *Yucca gloriosa*
土耳其	钟花郁金香 *Tulipa sylvestris*
新加坡	佐井万带兰 *Vanda* 'Miss Joaquim'
波兰	三色堇 *Viola tricolor*
萨尔瓦多	大树丝兰 *Yucca elephantipes*
埃塞俄比亚	马蹄莲 *Zantedeschia aethiopica*

附录四 中国部分省(市)树一览表

城市名	省(市)树
湖北省	水杉 *Metasequoia glyptostroboides*
武汉市	
江西省	香樟 *Cinamonum camphora*
自贡市	
鄂州	樟树 *Cinamonum* sp.
北京	侧柏 *Platycladus orientalis*
天津	绒毛白蜡 *Fraxinus tomentosa*
南京	雪松 *Cedrus deodara*
攀枝花	凤凰木 *Delonix regia*
内江	秋枫 *Bischofia javanica*

附录五 中国部分城市市花一览表

城市名	市　花
桃园*	桃花 *Amygdalus persica*
南投*、南京、武汉、无锡、梅州、淮北、鄂州、丹江口、泰州	梅花 *Armeniaca mume*
香港、湛江	红花羊蹄甲 *Bauhinia blakeana*
台中*、广州、攀枝花	木棉 *Bombax malabaricum*
屏东*、深圳、珠海、惠州、江门、厦门、三亚	毛叶子花 *Bougainvillea spectabilis*
重庆、金华、温州、宁波、景德镇、万县、衡阳	山茶 *Camellia japonica*
青岛	耐冬山茶 *Camellia japonica* 'Naidong'
昆明、楚雄	云南山茶 *Camellia reticulate*
镇江、鄢陵	蜡梅 *Chimonanthus praecox*
长春	君子兰 *Clivia miniata*
大同	波斯菊 *Cosmos bipinnatus*
宜兰*、绍兴、贵阳、保山	兰花 *Cymbidium* spp.
包头、呼和浩特	小丽花 *Dahlia nana*
张家口	大丽花 *Dahlia pinnata*
南昌	金边瑞香 *Daphne odora f. Aureo-marginata*
台南*、汕头	凤凰木 *Delonix regia*
彰化*、北京、中山、开封、南通、太原、芜湖、湘潭	菊花 *Dendranthema grandiflorum*
泉州	刺桐 *Erythrina variegata*
内江、常德、汉中、岳阳	栀子花 *Gardenia jasminoides*
成都	木芙蓉 *Hibiscus mutabilis*
高雄*、玉溪、南宁	扶桑 *Hibiscus rosa-sinensis*
鹤壁	迎春花 *Jasminum nudiflorum*
福州、芜湖	茉莉 *Jasminum sambac*
基隆*、安阳、咸阳、襄樊、徐州、自贡、贵阳	紫薇 *Lagerstroemia indica*
株洲	红檵木 *Loropetalum chinense* var. *rubrum*
嘉义*、上海、保定	玉兰 *Magnolia denudata*
本溪	天女木兰 *Magnolia sieboldii*

城市名	市　花
乐山	海棠花 *Malus halliana*
东川、芜湖、内江	白兰花 *Michelia alba*
永安、泉州	含笑 *Michelia figo*
漳州	水仙花 *Narcissus tazetta* var. *chinensis*
花莲*、澳门、济南、许昌、肇庆、济宁	荷花 *Nelumbo nucifera*
杭州、苏州、桂林、南阳、广元、合肥、黄山、老河口、泸州、马鞍山、新余、信阳	桂花 *Osmanthus fragrans*
洛阳、菏泽、延安	牡丹 *Paeonia suffruticosa*
台东*	蝴蝶兰 *Phalaenopsis aphrodite*
肇庆	鸡蛋花 *Plumeria rubra*
西安、连云港、合肥、荆门、枣庄、黄石、十堰、新乡、嘉兴	石榴 *Punica granatum*
伊春	兴安杜鹃 *Rhododendron dahuridum*
九江	云锦杜鹃 *Rhododendron fortunei*
台北*、新竹*、丹东、嘉兴、余姚、无锡、长沙、井冈山、吉安、九江、大理、荣成、巢湖、三明、韶关	杜鹃花 *Rhododendron* spp.
北京、天津、大连、锦州、辽阳、石家庄、邯郸、邢台、沧州、廊坊、义乌、鹰潭、常州、泰州、宿迁、衡阳、邵阳、青岛、威海、长治、郑州、平顶山、焦作、商丘、漯河、驻马店、三门峡、淮阴、蚌埠、安庆、阜阳、德阳、西昌、沙市、宜昌、恩施、信阳、娄底、荆州、开封、青州、新乡、辛集、吉安、随州、淮南、淮北、十堰	月季 *Rosa* cvs.
沈阳、佳木斯、延吉、抚顺、承德、乌鲁木齐、奎屯、拉萨、兰州、银川、佛山	玫瑰 *Rosa rugosa*
阜新、鞍山	黄刺玫 *Rosa xanthina*
盘锦	鹤望兰 *Strelitzia reginae*
哈尔滨、呼和浩特	紫丁香 *Syringa oblata*
西宁	丁香 *Syringa* spp.
格尔木	柽柳 *Tamarix chinensis*
扬州	琼花 *Viburnum macrocephalum* f. *keteleeri*

注：标有 * 的城市属台湾省。

附录六 国家I级重点保护野生植物（50种）

1. 光叶蕨 *Cystoathyrium chinense*
2. 玉龙蕨 *Sorolepidium glaciale*
3. 水韭属（所有种）*Isoetes* spp.
4. 巨柏 *Cupressus gigantea*
5. 苏铁属（所有种）*Cycas* spp.
6. 银杏 *Ginkgo biloba*
7. 百山祖冷杉 *Abies beshanzuensis*
8. 梵净山冷杉 *Abies fanjingshanensis*
9. 元宝山冷杉 *Abies yuanbaoshanensis*
10. 资源冷杉（大院冷杉）*Abies ziyuanensis*
11. 银杉 *Cathaya argyrophylla*
12. 巧家五针松 *Pinus squamata*
13. 长白松 *Pinus sylvestris* var. *sylvestriformis*
14. 台湾穗花杉 *Amentotaxus formosana*
15. 云南穗花杉 *Amentotaxus yunnanensis*
16. 红豆杉属（所有种）*Taxus* spp.
17. 水松 *Glyptostrobus pensilis*
18. 水杉 *Metasequoia glyptostroboides*
19. 长喙毛茛泽泻 *Ranalisma rostratum*
20. 普陀鹅耳枥 *Carpinus putoensis*
21. 天目铁木 *Ostrya rehderiana*
22. 伯乐树（钟萼木）*Bretschneidera sinensis*
23. 膝柄木 *Bhesa sinensis*
24. 萼翅藤 *Calycopteris floribunda*
25. 革苞菊 *Tugarinovia mongolica*
26. 东京龙脑香 *Dipterocarpus retusus*
27. 狭叶坡垒 *Hopea chinensis*
28. 坡垒 *Hopea hainanensis*
29. 多毛坡垒 *Hopea mollissima*
30. 望天树 *Parashorea chinensis*
31. 貉藻 *Aldrovanda vesiculosa*
32. 瑶山苣苔 *Dayaoshania cotinifolia*
33. 单座苣苔 *Metabriggsia ovalifolia*
34. 报春苣苔 *Primulina tabacum*
35. 辐花苣苔 *Thamnocharis esquirolii*
36. 长蕊木兰 *Alcimandra cathcardii*
37. 单性木兰 *Kmeria septentrionalis*
38. 落叶木莲 *Manglietia decidua*
39. 华盖木 *Manglietiastrum sinicum*
40. 峨眉拟单性木兰 *Parakmeria omeiensis*
41. 藤枣 *Eleutharrhena macrocarpa*
42. 莼菜 *Brasenia schreberi*
43. 珙桐 *Davidia involucrata*
44. 光叶珙桐 *Davidia involucrata* var. *vilmoriniana*
45. 云南蓝果树 *Nyssa yunnanensis*
46. 合柱金莲木 *Sinia rhodoleuca*
47. 独叶草 *Kingdonia uniflora*
48. 异形玉叶金花 *Mussaenda anomala*
49. 掌叶木 *Handeliodendron bodinieri*
50. 发菜 *Nostoc flagelliforme*

来源：国家重点保护野生植物（第一批）（农业部令第4号）（国务院1999年8月4日批准）

附录七 中国极小种群野生植物名录（120种）

1. 光叶蕨 *Cystoathyrium chinense*
2.四川苏铁 *Cycas szechuanensis*
3. 灰干苏铁 *Cycas hongheensis*
4. 闽粤苏铁 *Cycas taiwaniana*
5. 长叶苏铁 *Cycas dolichophylla*
6. 葫芦苏铁 *Cycas changjiangensis*
7. 德保苏铁 *Cycas debaoensis*
8. 十万大山苏铁 *Cycas shiwandashanica*
9. 叉叶苏铁 *Cycas bifida*
10. 滇南苏铁 *Cycas diannanensis*
11. 多歧苏铁 *Cycas multipinnata*
12. 仙湖苏铁 *Cycas fairylakea*
13. 百山祖冷杉 *Abies beshanzuensis*
14. 元宝山冷杉 *Abies yuanbaoshanensis*
15. 资源冷杉 *Abies ziyuanensis*
16. 银杉 *Cathaya argyrophylla*
17. 水松 *Glyptostrobus pensilis*
18. 大别山五针松 *Pinus dabeshanensis*
19. 毛枝五针松 *Pinus wangii*
20. 巧家五针松 *Pinus squamata*
21. 西昌黄杉 *Pseudotsuga xichangensis*
22. 东北红豆杉 *Taxus cuspidata*
23. 喜马拉雅密叶红豆杉 *Taxus fuana*
24. 水杉 *Metasequoia glyptostroboides*
25. 朝鲜崖柏 *Thuja koraiensis*
26. 崖柏 *Thuja sutchuenensis*
27. 喙核桃 *Annamocarya sinensis*
28. 盐桦 *Betula halophila*
29. 普陀鹅耳枥 *Carpinus putoensis*
30. 天台鹅耳枥 *Carpinus tientaiensis*
31. 天目铁木 *Ostrya rehderiana*
32. 长序榆 *Ulmus elongata*
33. 单性木兰 *Kmerria septentrionalis*
34. 宝华玉兰 *Magnolia zenii*
35. 落叶木莲 *Manglietia decidua*
36. 华盖木 *Manglietiastrum sinicum*
37. 峨眉含笑 *Michelia wilsonii*
38. 峨眉拟单性木兰 *Parakmeria omeiensis*
39. 观光木 *Tsoongiodendron odorum*
40. 蕉木 *Chieniodendron hainanense*
41. 海南风吹楠 *Horsfieldia hainanensis*
42. 滇南风吹楠 *Horsfieldia tetratepala*
43. 云南肉豆蔻 *Myristica yunnanensis*
44. 五裂黄连 *Coptis quinquesecta*
45. 狭叶坡垒 *Hopea chinensis*
46. 坡垒 *Hopea hainanensis*
47. 广西青梅 *Vatica guangxiensis*
48. 凹脉金花茶 *Camellia impressinervis*
49. 顶生金花茶 *Camellia pingguoensis* var.*terminalis*
50. 毛瓣金花茶 *Camellia pubipetala*
51. 猪血木 *Euryodendron excelsum*
52. 银缕梅 *Parrotia subaequalis*
53. 河北梨 *Pyrus hopeiensis*
54. 缘毛太行花 *Taihangia rupestris* var. *cilata*
55. 绒毛皂荚 *Gleditsia japonica* var. *velutina*
56. 紫檀 *Pterocarpus indicus*

57. 海南假韶子 *Paranephelium hainanensis*

58. 梓叶槭 *Acer catalpifolium*

59. 庙台槭 *Acer miaotaiense*

60. 羊角槭 *Acer yangjuechi*

61. 云南金钱槭 *Dipteronia dyerana*

62. 扣树 *Ilex kaushue*

63. 膝柄木 *Bhesa sinensis*

64. 小勾儿茶 *Berchemiella wilsonii*

65. 滇桐 *Craigia yunnanensis*

66. 广西火桐 *Erythropsis kwangsiensis*

67. 丹霞梧桐 *Firmiana danxiaensis*

68. 景东翅子树 *Pterospermum kingtungense*

69. 海南海桑 *Sonneratia hainanensis*

70. 萼翅藤 *Calycopteris floribunda*

71. 红榄李 *Lumnitzera littorea*

72. 喜树 *Camptotheca acuminate*

73. 云南蓝果树 *Nyssa yunnanensis*

74. 大树杜鹃 *Rhododendron protistum* var. *giganteum*

75. 紫荆木 *Madhuca pasquieri*

76. 长果安息香 *Changiostyrax dolichocarpa*

77. 黄梅秤锤树 *Sinojackia huangmeiensis*

78. 细果秤锤树 *Sinojackia microcarpa*

79. 异形玉叶金花 *Mussaenda anomala*

80. 瑶山苣苔 *Dayaoshania cotinifolia*

81. 弥勒苣苔 *Paraisometrum mileense*

82. 秦岭石蝴蝶 *Petrocosmea qinlingensis*

83. 报春苣苔 *Primulina tabacum*

84. 海南石豆兰 *Bulbophyllum hainanense*

85. 大黄花虾脊兰 *Calanthe sieboldii*

86. 牛角兰 *Ceratostylis hainanensis*

87. 象牙白 *Cymbidium eburneum*

88. 美花兰 *Cymbidium insigne*

89. 文山红柱兰 *Cymbidium wenshanense*

90. 玉龙杓兰 *Cypripedium forrestii*

91. 丽江杓兰 *Cypripedium lichiangense*

92. 斑叶杓兰 *Cypripedium margaritaceum*

93. 小花杓兰 *Cypripedium micranthum*

94. 巴郎山杓兰 *Cypripedium palangshanense*

95. 心启杓兰 *Cypripedium singchii*

96. 昌江石斛 *Dendrobium changjiangense*

97. 海南石斛 *Dendrobium hainanense*

98. 霍山石斛 *Dendrobium huoshanensis*

99. 华石斛 *Dendrobium sinense*

100. 梳唇石斛 *Dendrobium strongylanthum*

101. 五唇兰 *Doritis pulcherrima*

102. 五脊毛兰 *Eria quinquelamellosa*

103. 海南毛兰 *Eria tomentosa*

104. 镰叶盆距兰 *Gastrochilus acinacifolius*

105. 合欢盆距兰 *Gastrochilus rantabunensis*

106. 贵州地宝兰 *Geodorum eulophioides*

107. 峨眉槽舌兰 *Holcoglossum omeiense*

108. 滇西槽舌兰 *Holcoglossum rupestre*

109. 象鼻兰 *Nothodoritis zhejiangensis*

110. 杏黄兜兰 *Paphiopedilum armeniacum*

111. 白花兜兰 *Paphiopedilum emersonii*

112. 格力兜兰 *Paphiopedilum gratrixianum*

113. 海伦兜兰 *Paphiopedilum helenae*

114. 白旗兜兰 *Paphiopedilum spicerianum*

115. 天伦兜兰 *Paphiopedilum tranlienianum*

116. 文山兜兰 *Paphiopedilum wenshanense*

117. 海南鹤顶兰 *Phaius hainanensis*

118. 洛氏蝴蝶兰 *Phalaenopsis lobbii*

119. 海南大苞兰 *Sunipia hainanensis*

120. 芳香白点兰 *Thrixspermum fragrans*

来源：林规发〔2012〕59号全国极小种群野生植物拯救保护工程规划（2011—2015）

拉丁名索引

A

Abelmoschus coccineus 2
Abelmoschus esculentus 2
Abelmoschus manihot 112
Abutilon hybridum 85
Acacia auriculiformis 31
Acacia confusa 32
Acacia dealbata 92
Acacia decurrens var. *dealbata* 92
Acacia farnesiana 55
Acacia mangium 111
Acacia mearnsii 93
Acacia sp. 32
Acanthopanax gracilistylus 168
Acer saccharinum 29
Acer saccharum 29
Acer truncatum 168
Achillea alpina 55
Achillea millefolium 56
Adenanthera pavonina 239
Adhatoda vasica 113
Aeschynanthus buxifolius 112
Agastache rugosus 113
Aglaia odorata 56
Agriophyllum squarrosum 212
Ainsliaea pertyoides 114
Alangium chinense 169
Aleurites moluccana 44
Alhagi sparsifolia 213
Allium hookeri 3
Allium sativum cv. 3
Alnus nepalensis 211
Alpinia galanga 114
Alpinia officinarum 115
Alstonia angustiloba 255
Alstonia yunnanensis 169
Ambroma augusta 85
Amelanchier asiatica 27
Amomum tsao-ko 57
Amorphophallus rivieri 4
Amorphophallus virosus 97
Anacardium occidentale 35
Anaphalis bulleyana 204
Anemone rivularis 115
Anemone vitifolia 116
Anigozanthos flavidus 241
Anigozanthos humilis 241
Anigozanthos viridis 241
Anredera cordifolia 116
Antenoron filiforme var. *lcachinum* 117
Anthocephalus chinensis 107
Antiaris toxicaria 200
Apium graveolens 4
Aralia chinensis 170
Arctium lappa 117
Ardisia bicolor 170
Ardisia mammillata 118
Ardisia solanacea 5
Argemone mexicana 118
Arisaema consanguineum 119
Arisaema elephas 119
Arisaema erubescens 120
Artabotrys hexapetalus 57
Arundina graminifolia 120
Asarum splendens 121
Asclepias curassavica 121
Asparagus officinalis 'Altilis' 5
Aucklandia lappa 122
Aucuba chlorascens 171
Averrhoa bilimbi 58

B

Baccaurea ramiflora 253
Baphicacanthus cusia 41
Basella alba 6
Berberis pruinosa 171

Berchemia polyphylla 172
Bergenia purpurascens 122
Bidens biternata 123
Bischofia javanica 107
Bischofia polycarpa 108
Borassus aethiopum 30
Brassica campestris cv. 6
Brassica campestris var. *oleifera* 48
Broussonetia papyrifera 86
Brugmansia arborea 173
Buddleja officinalis 172

C

Caesalpinia minax 173
Caesalpinia sappan 174
Callicarpa dichotoma 103
Callicarpa japonica 104
Callicarpa macrophylla 104
Callicarpa rubella f. *angustata* 105
Camellia oleifera 48
Camellia reticulate f. *simplex* 49
Camellia saluenensis 49
Camellia sinensis 27
Camellia yuhsienensis 50
Camptotheca acuminata 174
Campylotropis polyantha 205
Campylotropis trigonoclada 205
Cananga odorata 58
Canavalia aladiata 7
Cannabis sativa 50
Canthium parvifolium 175
Capparis spinosa 213
Capsicum annuum 'Grossum' 7
Caragana sinica 33
Cardiocrinum giganteum var. *yunnanense* 123
Carludovica palmata 86
Carthamus tinctorius 128
Cassia siamea 111
Castanea henryi 36
Castanea mollissima 36
Castanopsia delavayi 37
Casuarina equisetifolia 221
Casuarina junghuhniana 221
Casuarina nana 222
Catalpa ovata 108
Celtis julianae 87
Celtis sinensis 87
Cephalotaxus fortunei 175
Cerasus tomentosa 105
Ceratostigma willmottianum 124
Ceropegia woodii 240
Chloranthus holostegius 124
Chloranthus spicatus 60
Chrysanthemum nankingense 8
Chukrasia tabularis 44
Cichorium intybus 30
Cinnamomum camphora 59
Cinnamomum cassia 176
Cirsium japonicum 129
Citharexylum spinosum 101
Clausena excavata 176
Clerodendrum album 101
Clerodendrum bungei 102
Clerodendrum yunnanense 177
Coccaloba uvifera 96
Codiaeum variegatum Group 247-249
Coffea arabica 28
Coix lachryma-jobi 125
Colocasia esculenta 8
Colquhounia elegans 177
Coriandrum sativum 60
Coriaria sinica 197
Corylus colurna 37
Corylus heterophylla 38
Crescentia alata 251
Crotalaria juncea 97
Crotalaria mucronata 98
Cucurbita ficifolia 98
Cucurbita moschata 9
Cudrania tricuspidata 41
Curculigo capitulata 125
Curculigo crassifolia 126
Curcuma aromatica 126
Curcuma longa 127
Curcuma 'Siam Ruby' 127
Cuscuta chinensis 244
Cyclanthera pedata var. *edulis* 9
Cyclobalanopsis glauca 38
Cynanchum otophyllum 129
Cynara cardunculus 10
Cynara scolymus 10
Cynoglossum amabile 128
Cyphomandra betacea 11

D

Dalbergia hupeana 80

Dalbergia mimosoides 206
Dalbergia nigrescens 81
Dalbergia obtusifolia 81
Dalbergia oliveri 82
Darlingtonia californica 226
Datura metel 'Fastuosa' 130
Datura stramonium 130
Dendrobium terminale 131
Dendrocnide urentissima 200
Desmodium motorium 238
Desmodium sequax 206
Dieffenbachia amoena 203
Dieffenbachia amoena 'Camilla' 204
Digitalis purpurea 131
Digitalis purpurea f. *albiflora* 132
Dionaea muscipula 226
Dioscorea bulbifera 132
Dioscorea delavayi 39
Dioscorea sansibarensis 39
Dischidia pectinoides 241
Dobinea delavayi 133
Dodonaea angustifolia 207
Dolichos lablab 12
Dracaena cambodiana 178
Drosera capensis 227

E

Echinops latifolius 133
Elaeagnus conferta 178
Elaeis guineensis 51
Elaeocarpus rugosus 240
Epiphyllum oxypetalum 232
Eucalyptus citriodora 61
Eucalyptus globulus 61
Eucommia ulmoides 179
Euonymus grandiflorus 180
Euonymus myrianthus 42
Eupatorium coelesticum 224
Eupatorium odoratum 224
Euphorbia chrysochosma 134
Euphorbia lathyris 134
Euphorbia nematocypha 135
Euphorbia pekinensis 135
Euphorbia tirucalli 91
Euterpe edulis 11
Evodia rutaecarpa 180

F

Feroniella lucida 62
Ficus oligodon 252
Ficus altissima 250
Ficus auriculata 252
Ficus benghalensis 251
Ficus glaberrima 82
Ficus hirta 88
Ficus simplicissima var. *hirta* 88
Ficus sp. 255
Ficus variegata 253
Foeniculum vulgare 62
Fraxinus angustifolia 83
Fraxinus chinensis 83

G

Geisemium sempervirens 201
Geum japonicum var. *chinense* 136
Gleditsia triacanthus 96
Glochidion puberum 197
Glycyrrhiza yunnanensis 136
Gomphrena globosa 235
Gomphrena globosa 'Alba' 236
Gomphrena haageana 236
Gomphocarpus fruticosus 242
Guizotia abyssinica 45
Gynura japonica 137
Gynura pseudochina 13
Gypsophila elegans 237

H

Haloxylon persicum 214
Hedychium spicatum 137
Helianthus annuus cv. 51
Helianthus sp. 13
Helianthus tuberosus 14
Helichrysum bracteatum 237
Helicteres viscida 89
Helwingia himalaica 181
Hemerocallis citrina 14
Heritiera littoralis 256
Hevea brasiliensis 93
Hibiscus sabdariffa 42
Hippophae rhamnoides 34
Houttuynia cordata 138
Hyoscyamus niger 138

I

Ilex georgei 181
Ilex lanceolata 182
Illicium verum 63
Incarvillea arguta 139
Indigofera tinctoria 43
Ipomoea aquatica 15
Ipomoea batatas 15
Iris florentina 63
Isatis tinctoria 139

J

Jasminum grandiflorum 64
Jasminum multiflorum 64
Jasminum officinale 65
Jasminum sambac 'Trifoliatum' 65
Jatropha curcas 91
Juglans mandchuriea 52
Juglans regia 52
Justicia gendarussa 'Variegata' 246

K

Kaempferia pulchra 66
Kaempferia rotunda 66

L

Lasia spinosa 140
Lavandula angustifolia 67
Lavandula angustifolia Group 67-68
Lavandula pinnata 68
Lavandula stoechas 69
Leea macrophylla 182
Leontopodiurm andersonii 207
Leonurus japonicus 140
Leucaena leucocephala 211
Leycesteria formosa var. *stenosepala* 141
Ligularia hodgsoni var. *sulctuanensis* 142
Ligularia hodgsonii 141
Ligusticum chuanxiong 142
Limonium sinuatum 238
Lindera communis 45
Liparis longipes 143
Lithops spp. 231
Litsea populifolia 69
Litsea rubescens 70
Loranthus parasiticus 245
Luffa cylindrica 16
Lycopersicon esculentum Group 17
Lyonia ovalifolia 18
Lysimachia christinae 143

M

Macleaya microcarpa 198
Maeadamia ternifolia 53
Magnolia officinalis ssp. *biloba* 183
Mallotus philippensis 43
Mallotus repandus 198
Manihot eaculenta 40
Mayodendron igneum 254
Magtenus hookeri 183
Medicago sativa 99
Melaleuca quinquenervia 70
Melastoma dodecandrum 184
Melia azedarach 199
Melia toosendan 199
Michelia alba 71
Michelia macclurei 71
Mimosa pigra 234
Mimosa pudica 235
Momordica charantia 18
Morus australis 89
Morinda citrifolia 184
Morus australis 89
Murraya paniculata 72

N

Neocinnamomum delavayi 72
Nepenthes gracilis 227
Nepenthes mirabilis 228
Nicandra physaloides 144
Nicotiana tabacum 80

O

Oenothera glazioviana 232
Olea europaea 53
Oroxylum indicum 185
Orthosiphon aristatus 102
Orthosiphon aristatus 'Purple' 103
Osbeckia nepalensis 185
Ostryoderris stuhlmanii 109
Oxyspora paniculata 186

P

Panax ginseng 'Meyer' 144
Panax pseudo-ginseng 145
Paris delavayi var. *petiolata* 145

Paris luquanensis 146
Pelargonium graveolens 73
Pennisetum alopecuroides 'Purpureum' 208
Perilla frutescens 75
Peucedanum sp. 147
Peucedanum decursivum 146
Peucedanum praeruptorum 147
Phaleria clerodendron 254
Phaseolus coccineus 'Redflower Bean' 19
Phyllagathis cavaleriei 148
Phyllanthus emblica 186
Physalis alkekengii var. *franchetii* 149
Phytolacca acinosa 148
Phytolacca americana 149
Pieris japonica 201
Pinguiula weser 229
Piper nigrum 74
Pistacia weinmannifolia 75
Pisum sativum 19
Pittosporum brevicalyx 187
Plantago lanceolata 150
Plantago major 150
Platycarya strobilacea 94
Platycodon grandiflorum f. *album* 151
Plectranthus 'Mona Lavender' 219
Polianthes tuberosa 76
Polianthes tuberosa 'The Pearl' 76
Polygonatum kingianum 151
Polygonatum odoratum 152
Polygonum benticulatum 152
Polygonum capitatum 153
Polygonum cuspidatum 187
Polygonum lapathifolium 153
Polygonum paleaceum 154
Poncirus trifoliata 188
Populus alba 214
Populus bolleana 215
Populus nigra 215
Populus szechuanica var. *tibetica* 216
Populus tomentosa 216
Portulaca quadrifida 155
Potentilla discolor 154
Pothomorphe subpeltata 77
Pothos scandens 155
Pratia nummularia 156
Princepia utilis 20
Pterocarpus indicus 109
Pterocarya fraxinifolia 220
Pterocarya stenoptera 220
Pueraria thomsonii 40

Q

Quercus longispica 208
Quercus variabilis 94

R

Raphanus sativus 20
Raphanus sativus Group 21
Rauvolfia sumatrana 188
Rauvolfia yunnanensis 189
Reineckea carnea 156
Rheum officinale 157
Rhinacanthus nasutus 157
Rhododendron molle 202
Rhus chinensis 84
Ricinus communis 46
Robinia pseudoacacia 212
Rodgersia pinnata 158
Rosa roxburghii 35
Rosmarinus officinalis 77
Rumex hastatus 209
Ruta graveolens 158

S

Saccharum officinarum 31
Salvia yunnanensis 159
Sambucus adnata 159
Sambucus chinensis 160
Sambucus williamsii 189
Sanguisorba officinalis 160
Sapium sebiferum 46
Sarcococca ruscifolia 190
Sarracenia leucophylla 229
Sarracenia psittacina 230
Sarracenia purpurea 230
Sarracenia purpurea 'Heterophylla' 231
Saurauia napaulensis 190
Schima argentea 217
Schima forrestii 217
Schima sinensis 218
Schima wallichii 218
Scirpus triqueter 210
Scurrula parasitica 246
Sechium edule 22
Sedum emarginatum 161
Senecio scandens 161

Sesamum indicum 54
Sesamum radiatum 54
Sesbania grandiflora 99
Sesbania grandiflora 'Alba' 100
Setaria viridis 209
Silybum marianum 162
Smallsnthus sonohlflius 22
Solanum coagulans 23
Solanum indicum 191
Solanum lyratum 162
Solanum melongenum 23
Solanum tuberosum 24
Sophora davidii 33
Sophora moocroftiana 210
Sorghum nitidum 24
Speirantha gardenii 163
Spondias cytherea 191
Stemona tuberosa 163
Sterculia coccinea 90
Sterculia monosperma 90
Strychnos nux-vomica 192
Symingtonia populnea 219
Synsepalum dulcificum 239
Synurus deltoides 164
Syris wightiana 73

T

Tabernaemontana flabelliformis 179
Talinum paniculatum 164
Tamarix chinensis 223
Tamarix ramosissima 222
Taraxacum mongolicum 165
Taxus baccata 192
Tectona grandis 110
Tetrameles nudiflora 256
Tetrapanax papyriferus 193
Thalictrum delavayi 165
Theobroma cacao 28
Thevetia peruviana 202
Thevetia peruviana var. *aurantiaca* 203
Tillandsia caput-medusae 242
Tillandsia cyanea 243
Tillandsia usneoides 243
Toona sinensis 25
Toona surenni 110
Toricellia angulata var. *intermedia* 193
Toxicodendron vernicifluum 95
Trevesia palmata 194
Trichosanthes anguina 25
Trifolium incarnafum 100
Tripterygium hypoglaucum 194
Tupistra chinensis 166
Turnera hybrida 233
Turnera subulata 234
Turnera ulmifolia 233
Typha orientalis 26

V

Vaccinium fragile 106
Vaccinum mandarinorum 106
Vanilla plannifolia 78
Verbena officinalis 166
Vernicia fordii 47
Vernicia montana 47
Vernonia esculenta 195
Viburnum cylindricum 34
Viburnum foetidum var. *ceanothoides* 195
Viola philippica 167
Vitex negundo 196
Vitex negundo var. *cannabifolia* 196
Vriesea carinata 244

X

Xanthium sibiricum 167

Z

Zanthoxylum bungeanum 78
Zanthoxylum planispinum 79
Zingiber officinale 79

中文名索引

A

埃塞俄比亚糖棕　30
矮瓶子草　231
矮鼠爪花(矮袋鼠花、袋鼠花)　241
爱元果(眼树莲、青蛙堡、玉荷包)[巴西之吻]　241
凹叶厚朴(浙朴)　183
凹叶景天(马牙半支莲)　161
澳洲坚果　53

B

八角(大茴香)　63
八角枫(华瓜木、鹅脚板)　169
巴拿马草　86
巴西橡胶(三叶橡胶)　93
白鹤灵芝(白鹤草、灵芝草)　157
白花臭牡丹　101
白花桔梗　151
白花毛地黄　132
白花前胡　147
白蜡树(白蜡)　83
白蜡叶枫杨　220
白兰花(白缅桂、白兰)　71
白时钟花(时钟花)　234
白穗花　163
白梭梭　214
白英(疏毛海桐叶白英、巴西土豆藤)　162
白油树　70
白玉黛粉叶(暑白黛粉叶)　204
斑鸠菊(菊花树)　195
板栗　36
蓖麻(绿叶蓖麻)　46
扁豆(白花豆)　12
变叶木品种群　247-249
藨草　210
槟榔青(人面子)　191
波叶山蚂蝗　206
捕虫堇　229
捕蝇草(捕虫草)　226

C

菜豌豆(荷兰豆、洋豌豆、食荚大菜豌)　19
苍耳　167
草果　57
草果药　137
草血竭(地黑蜂)　154
茶树(小叶茶、德宏茶)　27
长茎羊耳蒜　143
长穗高山栎　208
长叶车前　150
长叶构骨　181
长叶瓶子草　229
柽柳(观音柳、三春柳、西湖柳、红柳、红荆条)　223
橙花夹竹桃(粉黄夹竹桃、红酒杯花)　203
臭牡丹　102
川楝　199
川芎　142
垂花琴木　101
刺槐(洋槐、德国槐)　212
刺梨(缫丝花)　35
刺山柑　213
刺天茄　191
刺通草　194
刺叶构骨　182
刺芋　140
楤木　170
粗毛榕　88
催味马钱　192

D

大百部(对叶百部、九重根、山百部根)　163
大车前　150
大果卫矛(多花卫矛)　42
大胡椒(毛叶树胡椒)　77
大花曼佗罗(木本曼佗罗)　173
大花田菁(红花田菁、木田菁)　99
大花卫矛(金丝杜仲)　180
大黄(掌叶大黄)　157

大蓟　129
大狼毒(大戟)　135
大王黛粉叶(大王万年青、厚肋万年青)　203
大叶菜蓟(刺菜蓟)　10
大叶火筒树　182
大叶水榕(闭口榕)　82
大叶仙茅(野棕)　125
大叶相思(耳荚相思)　31
大叶紫珠　104
刀豆(巴西豆、刀板藤)　7
刀叶石斛　131
倒提壶(狗屎花、中国勿忘草)　128
灯笼椒(甜椒)　7
地菍(地稔、铺地锦、地红花)　184
地榆　160
滇常山　177
滇黄精(节节高)　151
滇木荷(华木荷)　218
滇紫背天葵　13
吊金钱(一串心、爱心蔓)　240
东方香蒲(毛蜡烛、草芽、鬼蜡烛)　26
东亚唐棣　27
杜仲(恩仲、恩仙、丝棉皮、玉丝皮)　179
短萼海桐(昆明海桐)　187
多花杭子梢(小雀花)　205
多叶勾儿茶　172

F

法来木　254
番茄品种群　17
番薯　15
翻百叶(地管子)　154
菲岛桐(粗糠柴、红果果)　43
粉苞郁金(粉苞姜黄)　126
风船唐棉(钉头果、气球花、天鹅蛋)　242
枫杨(花树、枰柳、水沟树)　220
佛手瓜(洋丝瓜、丰收瓜)　22

G

甘葛藤(粉葛、葛)　40
甘蔗　31
高丽参　144
高良姜　115
高榕(大叶榕、大青树)　250
高山栲　37
高山蓍(锯草、羽衣草、一枝蒿)　55
高山薯蓣　39
膏桐(小桐子、麻疯树)　91
狗尾草(狼尾草)　209
枸橘(枳壳、枸桔、枳)　188
构树(楮)　86
观赏蒜　3
广紫苏(白苏、紫苏、回回苏)　75
过路黄(金钱草、聚花过路黄、金锁匙)　143

H

海巴戟(橘叶巴戟)　184
海红豆(孔雀豆、相思豆、红豆)　239
海南三七　66
含羞草(感应草、怕丑草、知羞草、喝呼草)　235
含羞草叶黄檀(象鼻藤)　206
含羞树　234
旱冬瓜(蒙自桤木、尼泊尔桤木)　211
好望角茅膏菜(好望角毛毡苔、凯普茅膏菜)　227
黑板树(橡皮木)　255
黑黄檀　81
黑荆树　93
红椿(红楝子)　110
红豆蔻　114
红花(菊红花)　128
红花菜豆(荷包花)　19
红花寄生(柏寄生、桑寄生)　246
红花两头毛(毛子草、角蒿)　139
红凉伞(铁凉伞)　170
红柳(多枝柽柳)　222
红毛毡(虎舌红)　118
红木荷(西南木荷、峨嵋木荷)　218
红皮铁树　109
红秋葵(红蜀葵)　2
红鼠爪花(红袋鼠花)　241
红枝木姜子　70
胡椒(黑胡椒)　74
胡麻　54
胡桃(核桃)　52
胡桃楸(核桃楸)　52
虎掌草(草玉梅)　115
虎仗　187
花椒　78
花脸细辛　121
花叶黑籽南瓜　98
花叶爵床(花叶驳骨丹、斑叶尖尾凤)　246
化香　94
黄苞大戟(刮金板)　134
黄独(黄药子)　132
黄花菜(金针菜)　14
黄花夹竹桃(酒杯花、啤酒花)　202

黄荆(黄荆条、五指枫)　196
黄毛榕(掌叶榕)　88
黄时钟花　233
黄鼠爪花(黄袋鼠花)　241
黄蜀葵(豹子眼睛花、棉花葵)　112
黄檀　80
黄杨叶芒毛苣苔(上树蜈蚣)　112
茴香　62
火麻(大麻、线麻)　50
火烧花(火烧树、缅木)　254
藿香　113

J

鸡骨常山　169
鸡桑　89
吉祥草(玉带草)　156
蕺菜(鱼腥草)　138
戟叶酸模　209
蓟罂粟(刺罂粟)　118
假黄皮(过山香、山黄皮、臭皮树)　176
假萍婆(绯苹婆)　90
假酸浆(鞭打绣球、冰粉)　144
尖子木　186
箭毒树(见血封喉)　200
姜(姜母)　79
绛车轴草（猩红苜蓿 紫车轴草 绛三叶）　100
酱头　152
绞杀榕　255
接骨草　160
接骨木(公道老、接骨母、续骨木)　189
金钩吻(卡罗莱茉莉、北美钩吻、南卡罗纳茉莉、法国香水)　201
金合欢　55
金雀花(锦鸡儿、金雀儿、金雀锦鸡儿)　33
金粟兰(珠兰、鱼子兰、珍珠兰)　60
金盏银盘(鬼针草、铁筅)　123
锦香草(熊巴掌、猫耳朵叶)　148
京水菜(水晶菜、白茎千筋京水菜)　6
九里香(千里香)　72
菊花菜(菊花脑)　8
菊苣　30
菊芋(洋姜)　14

K

开口箭(心不甘)　166
可可　28
可食埃塔棕(纤可棕)　11
苦瓜（癞瓜）　18
苦楝(楝树)　199
宽叶韭(根韭)　3
宽叶蓝刺头(蓝刺头、驴欺口)　133
昆明山海棠　194

L

蓝桉　61
蓝花铁兰(紫花铁兰、紫花凤梨)　243
烂泥树(叨里木、有齿鞘柄木)　193
狼牙刺(白刺花、苦刺花)　33
鹿蹄橐吾(川滇紫菀)　141
禄劝花叶重楼(花叶重楼)　146
绿花桃叶珊瑚　171
绿玉树(绿珊瑚、光棍树)　91
卵叶重楼　145
萝卜　20
萝卜品种群　21
萝芙木(苏门答腊萝芙木)　188
落葵(豆腐菜)　6

M

马鞭草　166
马齿苋(马牙半枝莲)　155
马蓝(板蓝、琉球蓝)　41
马利筋(莲生桂子花、芳草花)　121
马铃薯(洋芋、土豆)　24
马桑(水马桑)　197
马蹄荷(合掌木、白克木)　219
马占相思　111
马醉木(梫木)　201
蚂蚁花　185
麦杆菊(蜡菊、稻草花、贝细工)　237
曼陀罗(狗核桃、醉心花)　130
猫须草(肾茶)　102
猫眼草(大戟、龙虎草)　135
毛白杨(大叶杨)　216
毛地黄(自由钟、洋地黄、指顶花、德国金钟)　131
毛果杜英　240
毛麻楝　44
毛茉莉　64
毛叶红珠七　117
毛樱桃(南京樱桃、樱桃、山豆子)　105
毛榛(榛子、平榛)　38
昂天莲(鬼棉花、刺果藤、水麻)　85
玫瑰茄(洛神葵、红角葵、萼葵)　42
美国商陆　149
美洲千日红　236
美洲糖槭　29

孟加拉榕　251
迷迭香　77
米饭花　106
米兰(米仔兰、树兰、碎米兰)　56
密花胡颓子　178
密蒙花(羊耳朵)　172
魔芋(花魔芋)　4
牡荆　196
木瓜榕(大果榕)　252
木胡瓜(三稔)　58
木蝴蝶(千张纸、玉蝴蝶)　185
木蓝(槐蓝)　43
木麻黄(牛尾松)　221
木奶果　253
木苹果　62
木薯　40
木田菁(白花田菁)　109
木油桐(五月雪)　47

N
南瓜　9
南山茶-红花油茶　49
南蛇簕(石莲子、南勒藤、喙荚云实)　173
南烛　18
柠檬桉　61
牛蒡　117
牛肋巴　81
怒江油茶　49

O
欧蓍草(西洋蓍草、多叶蓍)　56
欧洲黑杨　215
欧洲红豆杉　192
欧洲菊芋　13
欧洲前胡　147
欧洲榛　37

P
苹果榕　252
苹婆(凤眼果)　90
瓶子草(紫瓶子草)　230
蒲公英　165
朴树(沙朴、朴榆)　87

Q
漆树　95
千里光　161
千日白　236
千日红(火球花、百日红)　235
千头木麻黄　222
浅粉郁金　127
茄　23
茄花紫金牛(酸苔菜)　5
芹菜(旱芹)　4
青刺尖(扁核木、狗奶子)　20
青冈(铁槠)　38
青洋参(奶浆草、大耳白薇)　129
清香桂(野扇花)　190
清香木　75
苘麻(观赏苘麻、大风铃花)　85
秋枫(常绿重阳木、水蚬木)　107
全缘金粟兰(四块瓦)　124

R
绒叶仙茅(密多罗)　126
肉桂　176

S
三刺皂荚(三刺皂角)　96
三尖杉　175
三颗针(大叶小檗、粉叶小檗)　171
三棱枝杭子梢(马尿藤)　205
三七(田七)　145
桑寄生　245
沙棘(酸醋柳)　34
沙蓬(沙米)　212
沙针(乾檀香)　73
山牛蒡　164
珊瑚朴　87
扇形狗牙花　179
商陆(花商陆、土人参、白母鸡、长老、胭脂)　148
蛇发凤梨(蛇发铁兰)　242
蛇瓜(蛇豆、野王瓜)　25
神秘果　239
生石花　231
十字架树(蜡烛树、叉叶木、十字叶、叉叶树)　251
石刁柏(芦笋)[龙须菜]　5
石栗(油桃)　44
石岩枫　198
时钟花　233
疏叶骆驼刺　213
薯蓣　39
树番茄(木本番茄、缅茄)　11
树火麻　200
树蓼(海葡萄)　96
栓皮栎(软皮栎、粗皮栎)　94

水飞蓟(水飞雉)　162
水红木(揉揉白)　34
水杨梅(柔毛路边青、路边青)　136
丝瓜(水瓜)　16
丝石竹(霞草)[满天星]　237
四数木　256
松萝凤梨(老人须、苔花凤梨、松萝铁兰)　243
松毛火绒草　207
菘蓝(板蓝根、大青、欧洲菘蓝)　139
苏木　174
素方花　65
素馨(素馨花)　64
酸浆(挂金灯、锦灯笼、红姑娘、姑娘果、红笼草、天泡)　149
酸模叶蓼（马蓼）　153
算盘子(金骨风)　197

T

台湾相思(相思树)　32
昙花(琼花、月下美人)　232
糖槭（银槭）　29
螳螂铁打　155
腾冲木荷　217
天南星(七叶一枝花)　119
天南星(一把伞南星)　120
天仙子(莨菪、牙痛子)　138
铁刀木(挨刀树)　111
铁屎米　175
通脱木　193
铜锤玉带草　156
头花蓼　153
土人参(土洋参)　164
土三七(三七草、菊三七)　137
土紫苑　142
团花树(大叶黄梁木)　107

W

晚香玉(夜来香、月下香)　76
蕹菜(空心菜)　15
乌桕　46
乌鸦果(午饭果、土千年健)　106
吴茱萸　180
五加(五加皮)　168
舞草(跳舞草、多情草、钟萼豆)　238
勿忘我(不凋花、深波叶补血草、补血草)　238

X

西藏狼牙刺(沙生槐)　210
西域青荚叶(叶上珠、叶上花、西藏青荚叶)　181
喜树(旱莲、千丈树)　174
细叶黄檀　82
狭萼鬼吹箫(狭萼风吹箫)　141
狭叶水曲柳(狭叶白蜡)　83
狭叶薰衣草(英国薰衣草)　67
狭叶薰衣草品种群　67-68
狭叶紫珠(狭叶红紫珠)　105
相思树　32
香椿(椿树、椿芽树)　25
香根鸢尾(银苞鸢尾)　63
香青(粘毛香青)　204
香叶树(红果树)　45
香叶天竺葵　73
香樟(樟树)　59
香子兰(香果兰、香草兰、扁叶香草兰)　78
象鼻南星(象南星)　119
小果博落回　198
小花龙血树(柬埔寨龙血树、海南龙血树)　178
小葵子　45
小粒咖啡　28
小雀瓜(辣椒瓜)　9
小紫珠(白棠子树、紫珠)　103
新疆杨　215
新樟(云南桂、少花新樟)　72
秀丽火把花　177
续随子　134
雪莲果(亚贡)　22
血满草　159

Y

鸭嘴花(牛舌花、大驳骨、虾蟆花、牛舌兰、野靛青)　113
烟草(红花烟)　80
芫荽(香菜)　60
岩白菜　122
盐肤木(五倍子树)　84
眼镜蛇草(钩叶瓶子草)　226
羊角天麻(九子不离母)　133
羊踯躅(闹羊花、黄杜鹃)　202
杨叶木姜子　69
洋蓟(朝鲜蓟、法国百合、荷花百合)　10
洋落葵(藤三七)　116
腰果　35
耶尔薰衣草(法国薰衣草)　69
野高粱(光高粱、草蜀黍)　24
野棉花　116
野茄　23

野生猪笼草　227
叶下花(腋花兔耳风)　114
依兰香(香水树、夷兰、伊兰香)　58
益母草　140
薏苡(苡仁、川谷、菩提子、草珠子)　125
银白杨　214
银合欢(白合欢、白相思子)　211
银荆　92
银木荷(毛毛树)　217
银叶树　256
印度麻(太阳麻、菽麻)　97
印度紫檀(紫檀、红木、青龙木)　109
莺歌凤梨(龙骨凤梨、虾爪凤梨、虾爪)　244
鹦鹉瓶子草(鹦鹉嘴瓶子草)　230
鹰爪花(鹰爪兰、五爪兰、鹰爪)　57
攸县油茶　50
尤氏木麻黄　221
油菜　48
油茶　48
油橄榄(齐墩果、洋橄榄)　53
油葵　51
油桐(三年桐)　47
油棕(油椰子)　51
柚木(血树)　110
疣柄魔芋　97
余甘子(滇橄榄、油甘子、牛甘果、橄榄)　186
鱼骨松(银荆树、圣诞树、银栲)　92
羽叶鬼灯檠　158
羽叶薰衣草(爱情草)　68
玉竹(山玉竹)　152
芋(芋头、芋艿)　8
郁金(姜黄)　127
元宝枫(华北五角槭、平基槭)　168
月见草(山芝麻、夜来香)　232
云木香(广木香、青木香)　122
云南大百合(荞麦叶贝母、荞麦叶大百合、野百合、大百合)　123
云南甘草　136
云南萝芙木　189
云南美登木(美登木)　183
云南唐松草(扁翅唐松草)　165
芸香(臭草)　158

Z

杂色榕　253
泽兰(飞机草)　224
窄叶坡柳(车桑子、羊不吃)　207
粘毛山芝麻　89
柘树　41
珍珠荚蒾(臭荚蒾)　195
芝麻　54
中国菟丝子(菟丝子、无叶藤、无根藤)　244
重瓣茉莉　65
重瓣晚香玉(重瓣夜来香)　76
重阳木(秋枫)　108
猪笼草(杂交猪笼草)　228
猪屎豆　98
竹叶椒　79
竹叶兰(竹兰、笔竹、长杆兰)　120
锥栗(珍珠栗、甜栗)　36
锥序水冬哥(牛鼻涕果)　190
梓树(木角豆、臭梧桐)　108
紫背香茶菜[吸毒草]　219
紫丹参　159
紫花地丁　167
紫花曼陀罗(重瓣曼陀罗)　130
紫花猫须草　103
紫花前胡(前胡、土当归)　146
紫花山奈　66
紫金标　124
紫茎泽兰　224
紫苜蓿　99
紫叶狼尾草(紫叶狐尾草)　208
紫珠　104
醉香含笑(火力楠)　71

科属索引

B

八角枫科　八角枫属　169
八角科　八角属　63
巴拿马草科　巴拿马草属　86
白花菜科　槌果藤属　213
百部科　百部属　163
百合科　白穗花属　163
百合科　大百合属　123
百合科　黄精属　151-152
百合科　吉祥草属　156
百合科　开口箭属　166
百合科　萱草属　14
报春花科　珍珠菜属　143

C

车前草科　车前草属　150
柽柳科　柽柳属　222-223
唇形科　火把花属　177
唇形科　藿香属　113
唇形科　鸡脚参属　102-103
唇形科　迷迭香属　77
唇形科　鼠尾草属　159
唇形科　香茶菜属　219
唇形科　薰衣草属　67-69
唇形科　益母草属　140
唇形科　紫苏属　75

D

大戟科　蓖麻属　46
大戟科　变叶木属　247-249
大戟科　大戟属　91、134-135
大戟科　膏桐属　91
大戟科　木奶果属　253
大戟科　木薯属　40
大戟科　石栗属　44
大戟科　算盘子属　197
大戟科　乌桕属　46
大戟科　橡胶属　93
大戟科　野桐属　43、198
大戟科　叶下珠属　186
大戟科　油桐属　47
大戟科　重阳木属　107-108
大麻科　大麻属　50
袋鼠爪科　鼠爪花属　241
蝶形花科　扁豆属　12
蝶形花科　菜豆属　19
蝶形花科　车轴草属　100
蝶形花科　刺槐属　212
蝶形花科　刀豆属　7
蝶形花科　甘草属　136
蝶形花科　葛属　40
蝶形花科　杭子梢属　205
蝶形花科　红皮铁木属　109
蝶形花科　槐属　33、210
蝶形花科　黄檀属　80-82、206
蝶形花科　锦鸡儿属　33
蝶形花科　骆驼刺属　213
蝶形花科　木蓝属　43
蝶形花科　苜蓿属　99
蝶形花科　山蚂蝗属　206、238
蝶形花科　田菁属　99、109
蝶形花科　豌豆属　19
蝶形花科　猪屎豆属　97-98
蝶形花科　紫檀属　109
冬青科　冬青属　181-182
杜鹃花科　杜鹃花属　202
杜鹃花科　马醉木属　201
杜鹃花科　南烛属　18

杜英科　杜英属　240
杜仲科　杜仲属　179

F

番荔枝科　依兰属　58
番荔枝科　鹰爪花属　57
番杏科　生石花属　231
凤梨科　丽穗凤梨属　244
凤梨科　铁兰属　242-243

H

海桐花科　海桐花属　187
含羞草科　海红豆属　239
含羞草科　含羞草属　234-235
含羞草科　金合欢属　31-32、55、92-93、111
含羞草科　银合欢属　211
禾本科　甘蔗属　31
禾本科　高粱属　24
禾本科　狼尾草属　208-209
禾本科　薏苡属　125
红豆杉科　红豆杉属　192
胡椒科　胡椒属　74、77
胡麻科　胡麻属　54
胡桃科　枫杨属　220
胡桃科　胡桃属　52
胡桃科　化香属　94
胡颓子科　胡颓子属　178
胡颓子科　沙棘属　34
葫芦科　佛手瓜属　22
葫芦科　苦瓜属　18
葫芦科　栝楼属　25
葫芦科　南瓜属　9、98
葫芦科　丝瓜属　16
葫芦科　小雀瓜属　9
虎耳草科　鬼灯檠属　158
虎耳草科　岩白菜属　122
桦木科　赤杨属　211
黄杨科　清香桂属　190

J

夹竹桃科　狗牙花属　179
夹竹桃科　黄花夹竹桃属　202-203
夹竹桃科　鸡骨常山属　169、255
夹竹桃科　萝芙木属　188、189
假叶树科　天门冬属　5
姜科　豆蔻属　57
姜科　姜花属　137
姜科　姜黄属　126-127
姜科　姜属　79
姜科　山姜属　114-115
姜科　山奈属　66
金缕梅科　马蹄荷属　219
金粟兰科　金粟兰属　60、124
堇菜科　堇菜属　167
锦葵科　木槿属　42
锦葵科　苘麻属　85
锦葵科　秋葵属　2、112
景天科　景天属　161
九子母科　九子母属　133
桔梗科　桔梗属　151
菊科　斑鸠菊属　195
菊科　菜蓟属　10
菊科　苍耳属　167
菊科　鬼针草属　123
菊科　红花属　128
菊科　火绒草属　207
菊科　蓟属　129
菊科　菊苣属　30
菊科　蜡菊属　237
菊科　蓝刺头属　133
菊科　牛蒡属　117
菊科　蒲公英属　165
菊科　千里光属　161
菊科　三七草属　13、137
菊科　山牛蒡属　164
菊科　蓍草属　55-56
菊科　水飞蓟属　162
菊科　茼蒿属　8
菊科　兔儿风属　114
菊科　橐吾属　141-142
菊科　香青属　204
菊科　向日葵属　51、13-14
菊科　小葵子属　45
菊科　雪莲果属　22
菊科　云木香菊属　122
菊科　泽兰属　224

爵床科 白鹤灵芝属 157
爵床科 板蓝属 41
爵床科 爵床属 246
爵床科 鸭嘴花属 113

K

壳斗科 栲属 37
壳斗科 栎属 94、208
壳斗科 栗属 36
壳斗科 青冈属 38
苦苣苔科 芒毛苣苔属 112

L

兰科 石斛属 131
兰科 香子兰属 78
兰科 羊耳蒜属 143
兰科 竹叶兰属 120
蓝果树科 喜树属 174
蓝雪科 补血草属 238
蓝雪科 角柱花属 124
狸藻科 捕虫堇属 229
藜科 沙蓬属 212
藜科 梭梭属 214
楝科 楝属 199
楝科 麻楝属 44
楝科 米仔兰属 56
楝科 香椿属 25、110
蓼科 大黄属 157
蓼科 海葡萄属 96
蓼科 金钱草属 117
蓼科 蓼属 152-154、187
蓼科 酸模属 209
柳叶菜科 月见草属 232
龙舌兰科 龙血树属 178
萝摩科 吊灯花属 240
萝摩科 顶头果属 242
萝摩科 鹅绒藤属 129
萝摩科 瓜子金属 241
萝摩科 马利筋属 121
落葵科 落葵薯属 116
落葵科 落葵属 6

M

马鞭草科 赪桐属 101-102、177
马鞭草科 马鞭草属 166
马鞭草科 牡荆属 196
马鞭草科 琴木属 101
马鞭草科 柚木属 110
马鞭草科 紫珠属 103-104
马齿苋科 马齿苋属 155
马齿苋科 土人参属 164
马兜铃科 细辛属 121
马钱科 钩吻藤属 201
马钱科 马钱属 192
马钱科 醉鱼草属 172
马桑科 马桑属 197
牻牛儿苗科 天竺葵属 73
毛茛科 唐松草属 165
毛茛科 银莲花属 115-116
茅膏菜科 捕蝇草属 226
茅膏菜科 茅膏菜属 227
木兰科 含笑属 71
木兰科 木兰属 183
木麻黄科 木麻黄属 221-222
木樨科 白蜡树属 83
木樨科 茉莉属 64-65
木樨科 油橄榄属 53

P

瓶子草科 肖瓶子草属 229-231
瓶子草科 眼镜蛇草属 226
葡萄科 火筒树属 182

Q

槭树科 槭树属 29、168
漆树科 槟榔青属 191
漆树科 黄连木属 75
漆树科 漆树属 95
漆树科 盐肤木属 84
漆树科 腰果属 35
茜草科 巴戟天属 184
茜草科 咖啡属 28
茜草科 团花属 107
茜草科 鱼骨木属 175
蔷薇科 扁桃木属 20

蔷薇科　地榆属　160
蔷薇科　路边青属　136
蔷薇科　蔷薇属　35
蔷薇科　唐棣属　27
蔷薇科　委陵菜属　154
蔷薇科　樱属　105
鞘柄木科　鞘柄木属　193
茄科　番茄属　17
茄科　假酸浆属　144
茄科　辣椒属　7
茄科　曼陀罗属　130
茄科　木曼佗罗属　173
茄科　茄属　23-24、162、191
茄科　树番茄属　11
茄科　酸浆属　149
茄科　天仙子属　138
茄科　烟草属　80

R

忍冬科　鬼吹箫属　141
忍冬科　荚蒾属　34、195
忍冬科　接骨木属　159-160、189
瑞香科　法来木属　254

S

三白草科　蕺菜属　138
三尖杉科　三尖杉属　175
伞形科　藁本属　142
伞形科　茴香属　62
伞形科　前胡属　146-147
伞形科　芹属　4
伞形科　芫荽属　60
桑寄生科　梨果寄生属　246
桑寄生科　桑寄生属　245
桑科　构属　86
桑科　箭毒木属　200
桑科　榕属　82、88、250-253、255
桑科　桑属　89
桑科　柘树属　41
莎草科　藨草属　210
山茶科　木荷属　217-218
山茶科　山茶属　27、48-50
山梗菜科　铜锤玉带草属　156
山榄科　神秘果属　239
山龙眼科　澳洲坚果属　53
山茱萸科　青荚叶属　181
山茱萸科　桃叶珊瑚属　171
商陆科　商陆属　148-149
十字花科　独行菜属　16
十字花科　萝卜属　20-21
十字花科　崧蓝属　139
十字花科　芸苔属　6、48
石蒜科　葱属　3
石蒜科　晚香玉属　76
石竹科　丝石竹属　237
时钟花科　时钟花属　233-234
鼠李科　勾儿茶属　172
薯蓣科　薯蓣属　39、132
水冬哥科　水冬哥属　190
四数木科　四数木属　256
苏木科　决明属　111
苏木科　苏木属　173-174
苏木科　皂荚属　96

T

檀香科　沙针属　73
桃金娘科　桉树属　61
桃金娘科　白千层属　70
天南星科　刺芋属　140
天南星科　花叶万年青属　203-204
天南星科　魔芋属　4、97
天南星科　石柑属　155
天南星科　天南星属　119-120
天南星科　芋属　8
菟丝子科　菟丝子属　244

W

卫矛科　雷公藤属　194
卫矛科　美登木属　183
卫矛科　卫矛属　42、180
无患子科　坡柳属　207
梧桐科　可可属　28
梧桐科　昂天莲属　85
梧桐科　苹婆属　90
梧桐科　山芝麻属　89
梧桐科　银叶树属　256

五加科　刺通草属　194
五加科　楤木属　170
五加科　人参属　144-145
五加科　通脱木属　193
五加科　五加属　168

X

仙茅科　仙茅属　125-126
仙人掌科　昙花属　232
苋科　千日红属　235-236
香蒲科　香蒲属　26
小檗科　小檗属　171
玄参科　毛地黄属　131-132
旋花科　番薯属　15
荨麻科　艾麻属　200

Y

延龄草科　重楼属　145-146
阳桃科　阳桃属　58
杨柳科　杨属　214-216
野牡丹科　尖子木属　186
野牡丹科　金锦香属　185
野牡丹科　锦香草属　148
野牡丹科　野牡丹属　184
罂粟科　博落回属　198
罂粟科　蓟罂粟属　118
榆科　朴属　87
鸢尾科　鸢尾属　63
越桔科　越桔属　106
芸香科　花椒属　78-79
芸香科　黄皮属　176
芸香科　九里香属　72
芸香科　木苹果属　62
芸香科　吴茱萸属　180
芸香科　芸香属　158
芸香科　枳属　188

Z

樟科　木姜子属　69-70
樟科　山胡椒属　45
樟科　新樟属　72
樟科　樟属　59、176
榛科　榛属　37-38
猪笼草科　猪笼草属　227-228
紫草科　倒提壶属　128
紫金牛科　紫金牛属　5、118、170
紫葳科　火烧花属　254
紫葳科　角蒿属　139
紫葳科　炮弹果属　251
紫葳科　千张纸属　185
紫葳科　梓树属　108
棕榈科　埃塔棕属　11
棕榈科　糖棕属　30
棕榈科　油棕属　51

后记

本书收集了生长在国内外的观赏植物3237种（含341个品种、变种及变型），隶属240科、1161属，其中90%以上的植物已在人工建造的景观中应用，其余多为有开发应用前景的野生花卉及新引进待推广应用的"新面孔"。86类中国名花，已收入83类（占96%）。本书的编辑出版是对恩师谆谆教诲的回报，是对学生期盼的承诺，亦是对始终如一给予帮助和支持的家人及朋友的厚礼。

本书的编辑长达十多年，参与人员30多位，虽然照片的拍摄、鉴定、分类及文稿的编辑撰写等主要由我承担，但很多珍贵的信息、资料都是编写人员无偿提供的，对他们的无私帮助甚为感激。

在本书出版之际，我特别由衷地感谢昆明植物园"植物迁地保护植物编目及信息标准化（2009 FY1202001项目）"课题组及西南林业大学林学院对本书出版的赞助；感谢始终帮助和支持本书出版的伍聚奎、陈秀虹教授，感谢坚持参与本书编辑的云南师范大学文理学院"观赏植物学"项目组的师生，如果没有你们的坚持奉献，全书就不可能圆满地完成。

最后还要感谢中国建筑工业出版社吴宇江编审的持续鼓励、帮助和支持，感谢为本书排版、编校所付出艰辛的各位同志，谢谢你们！

由于排版之故，书中留下了一些"空窗"，另加插图，十分抱歉，请谅解。

愿与更多的植物爱好者、植物科普教育工作者交朋友，互通信息，携手共进，再创未来。

编者

2015年元月20日